光子学在生态环境中的应用

刘　博　刘玉柱　郭林峰 等　编著

科　学　出　版　社

北　京

内 容 简 介

本书整理了国内外生态光子学领域工作的最新进展，并结合作者团队的最新研究成果，介绍了光子学在生态环境中的前沿应用，主要阐述了如何通过光子学和光学方法获取、处理和监测大气、水文、土壤、生物等生态信息指标，展示了生态光子学技术在新型交叉研究领域的学科内涵和重要应用。

本书可供光学工程、光学、应用物理、环境科学、环境工程专业的高校师生和工程技术人员阅读参考，也可作为光电检测、环境监测、生态学等相关领域科研人员的参考读物。

图书在版编目(CIP)数据

光子学在生态环境中的应用/刘博等编著. —北京：科学出版社，2021.6

ISBN 978-7-03-069033-3

Ⅰ. ①光…　Ⅱ. ①刘…　Ⅲ. ①环境光学　Ⅳ. ①X122

中国版本图书馆 CIP 数据核字(2021)第 108309 号

责任编辑：王腾飞　曾佳佳/责任校对：杨聪敏

责任印制：张　伟/封面设计：许　瑞

科学出版社 出版

北京东黄城根北街 16 号

邮政编码：100717

http://www.sciencep.com

北京凌奇印刷有限责任公司 印刷

科学出版社发行　各地新华书店经销

*

2021 年 6 月第　一　版　开本：720×1000　1/16

2023 年 6 月第三次印刷　印张：10 1/4

字数：207 000

定价：89.00 元

作 者 名 单

主要作者： 刘　博　刘玉柱　郭林峰

其他作者：（按姓氏笔画排序）

马佑桥　王　凤　王　琳　王俊锋

叶井飞　匡文剑　孙婷婷　苏　静

李金花　杨明珠　吴　婧　吴泳锋

宋真真　张启航　郑改革　单媛媛

赵　静　赵立龙　咸冯林　钱黎明

徐林华　曹兆楼　Muddassir Iqbal

前　言

党的十七大在确立经济、政治、文化、社会建设“四位一体”总布局的同时，明确提出了建设生态文明的要求。党的十八大明确地把生态文明建设纳入建设中国特色社会主义事业总体布局，系统阐述了推进生态文明建设的战略意义、基本方针和主要任务，确立了建设中国特色社会主义“五位一体”总体布局。“五位一体”总体布局，是经济、政治、文化、社会、生态文明全面发展的布局。

习近平总书记指出“绿水青山就是金山银山”“生态环境保护是功在当代、利在千秋的事业”。良好的生态环境是人和社会持续发展的基础，保护生态环境，人人有责。近年来，南京信息工程大学围绕“双一流”建设学科“大气科学”，正着力打造“气象+”“+信息”的学科品牌，向环境、水文、海洋、地理、生态等相关领域拓展辐射，实现气象学科示范引领，多学科支撑跟进。

作为一名科技工作者，同时作为南京信息工程大学生态光子学团队负责人，作者带领团队成员，致力于通过光子学和光学方法获取、处理和监测大气、水文、土壤、生物等生态信息指标。生态光子学作为一门新型交叉学科，能够为生态文明建设提供极大帮助，具有重要意义。根据生态光子学领域的最新研究成果，作者团队整理国内外生态光子学领域工作进展，撰写了《光子学在生态环境中的应用》。

本书共分 9 章：

第 1 章介绍了光电探测技术在大气生态环境原位监测中的应用，具体包括大气颗粒物污染物激光在线探测技术、大气有害气体光谱在线监测技术及基于激光技术的大气碳循环中碳同位素的在线监测。

第 2 章介绍了能见度仪的测量原理、结构及发展趋势，具体包括大气对光辐射的吸收与散射，透射式、前向散射式及后射式能见度仪的工作原理，能见度测量中的光学矫正，以及能见度测量原理在气体浓度测量中的应用。

第 3 章介绍了应用于生态信息监测的光探测芯片与器件，具体包括光探测器的基本原理，典型半导体光探测器、可集成的光波导探测器和光电倍增管的器件结构与功能，及其在生态信息指标采集方面的应用。

第 4 章介绍了表面等离子激元共振技术在生物医学中的应用，尤其突出了其在生物分子识别方面的应用。分子生物识别研究是分子生态学的一个重要分支，因此，本章内容能够为生态光子研究提供理论和技术支持，包括大气、水质以及环境微生物、有害分子的检测等。

第 5 章介绍了光纤传感技术在生态中的应用，包括基于布里渊散射、瑞利散射、拉曼散射的分布式光纤传感技术，基于光纤布拉格光栅和微纳光纤的传感技术。

第 6 章介绍了注入锁频技术在大气风场监测及温室气体检测中的应用，具体包括注入锁频的基本理论，注入锁频激光器结构组成，以及注入锁频激光器在大气风场监测和大气温室气体检测中的应用。

第 7 章介绍了非高斯关联部分相干光束在大气光通信中的应用，具体包括部分相干理论、非高斯关联部分相干光束模型及多 sinc 谢尔模光束在大气湍流中的传输特性。

第 8 章从导模共振效应出发，探究了该效应发生的原理以及效应发生的条件，系统地研究了该共振结构的波导方程和共振时的位相态。

第 9 章介绍了差分吸收激光雷达技术在大气温室气体检测中的应用。具体包括差分吸收激光雷达基本原理，主要温室气体成分及特性，典型温室气体差分吸收激光雷达功能结构。

本书的出版得到国家自然科学基金优秀青年科学基金项目(61822507)、国家重点研发计划项目(2017YFC0212700、2018YFB1800900)、国家自然科学基金重点项目(61835005)、国家自然科学基金联合基金项目(U1932149)和南京信息工程大学人才启动经费资助项目(2020r044)支持，排名不分先后。限于作者水平，书稿疏漏之处在所难免，恳请读者批评指正。

刘　博

2021 年 1 月

目　　录

第1章　光电探测技术在大气生态环境原位监测中的应用

人类生存离不开空气，空气质量直接影响人类的生活与生命质量。大气颗粒物(atmospheric particulate matter, APM)、二氧化硫、氮氧化物、大气挥发性有机物(volatile organic compounds, VOCs)等是我国大气污染控制主要关注点。基于光电探测技术的大气颗粒物和大气中有害气体成分的原位实时在线监测技术的研究及系统研制，既是国家生态文明建设的重大战略需求，也是光电产业快速发展的需求，对于大气污染防治和大气生态环境实时评价具有极为重要的意义。

本章分三个部分来介绍光电探测技术在大气生态环境原位监测中的应用，具体包括大气颗粒物污染物激光在线探测技术、大气有害气体光谱在线监测技术及基于激光技术的大气碳循环中碳同位素的在线监测。

1.1　大气颗粒物污染物激光在线探测技术

大气是人类赖以生存的重要环境要素之一[1]。改革开放以来，我国的社会经济发展迅速，成为世界第二大经济体。但在经济高速增长的背后，我国的环境污染形势日益严峻。煤炭、石油等化石燃料的大量消耗，城市的迅猛扩张及机动车保有量的快速增长导致了严重的雾霾问题，我国近三分之二的区域空气质量已经岌岌可危，人民的身心健康受到了很大威胁[2]。而引发雾霾天气的元凶就是大气颗粒物，它是指空气动力学当量直径介于 0.001～100μm 的固态或液态微粒在空气中均匀分布形成的分散体系[3]。如图 1-1 所示，根据其粒径(空气动力学当量直径)大小，可将其分为总悬浮颗粒物(total suspended particulate, TSP)和 PM_{10} 颗粒物。其中，PM_{10} 颗粒物又可以细分为 $PM_{2.5}$ 颗粒物和粗颗粒物。大气颗粒物的来源一般分为两类：自然源和人为源。自然源包括火山喷发、扬尘、火灾、细菌等。人为源主要分为三类：①流动源，飞机、机动车等交通工具排放燃烧后的化石燃料；②固定排放源，燃煤电厂、炼钢、水泥行业；③无组织排放源，季节性的秸秆焚烧、家庭燃煤取暖、建筑场地扬尘等[4, 5]。总体来看，自然源生成的大气颗粒物进入和移除速率能够达到动态平衡，不会造成持续的大气污染[6]。雾霾天气产生的根本原因是人类活动排放的大量污染物。

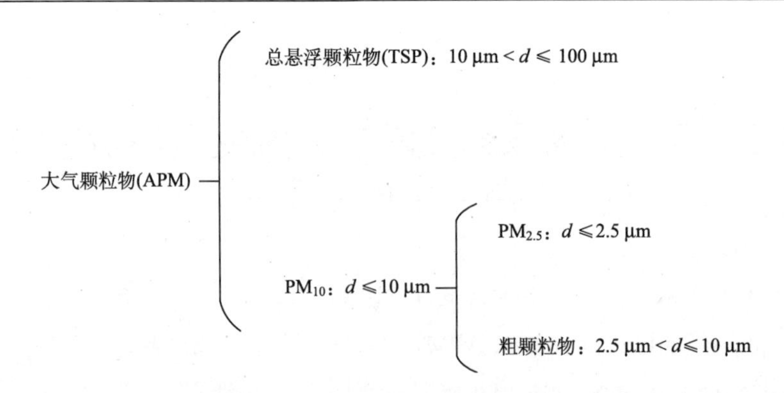

图 1-1　大气颗粒物按粒径分类

大气颗粒物具有较小的粒径和较大的比表面积，能够吸附大量的挥发性有机物(VOCs)与重金属等物质，对人体具有致畸、致癌和致突变毒性效应[7, 8]。因此，对大气颗粒物中 VOCs 与重金属等诸多有害物质的成分进行探测意义重大。然而，由于大气颗粒物随着大气流动而时刻处在变化中，因此，需要对大气颗粒物污染物进行快速在线探测，才能够保证分析结果的时效性与准确性。

激光诱导击穿光谱(laser induced breakdown spectroscopy, LIBS)技术是一种新型光学探测技术，被誉为化学检测的“未来之星”。它是利用高能激光脉冲聚焦作用于样品表面致其迅速蒸发气化，形成含自由电子、激发原子、激发离子等在内的高温等离子体。在等离子体冷却过程中，原子和离子中处于激发态的电子跃迁至基态，并以光的形式释放能量。等离子激发光谱具有离散峰结构，样品中每种元素都对应光谱中一种或多种独特的峰形，并且离散峰的强度可以定量反映相应元素的含量信息，故而定性定量分析等离子激发光谱便可以得到样品中的元素及含量信息。21 世纪以来，LIBS 技术已经被广泛应用于金属、液体、气溶胶、塑料、矿石等多种材料的化学成分的快速检测与分析。与其他分析方法相比，LIBS 技术具有独特的优势：①样品无须预处理；②样品损耗小；③响应速度快；④多组分同时测量[9]。因此，LIBS 技术适用于各种复杂环境的成分探测，尤其是大气颗粒物污染物的原位在线探测。利用 LIBS 技术能够在大气环境中进行直接在线探测，快速获取大气颗粒物的组成元素种类与含量信息，如图 1-2 所示，LIBS 技术能够在线探测大气中的碳、氮、氧、氢等元素，以及大气颗粒物污染物中的镁、钙、锶、钾、钠等元素。

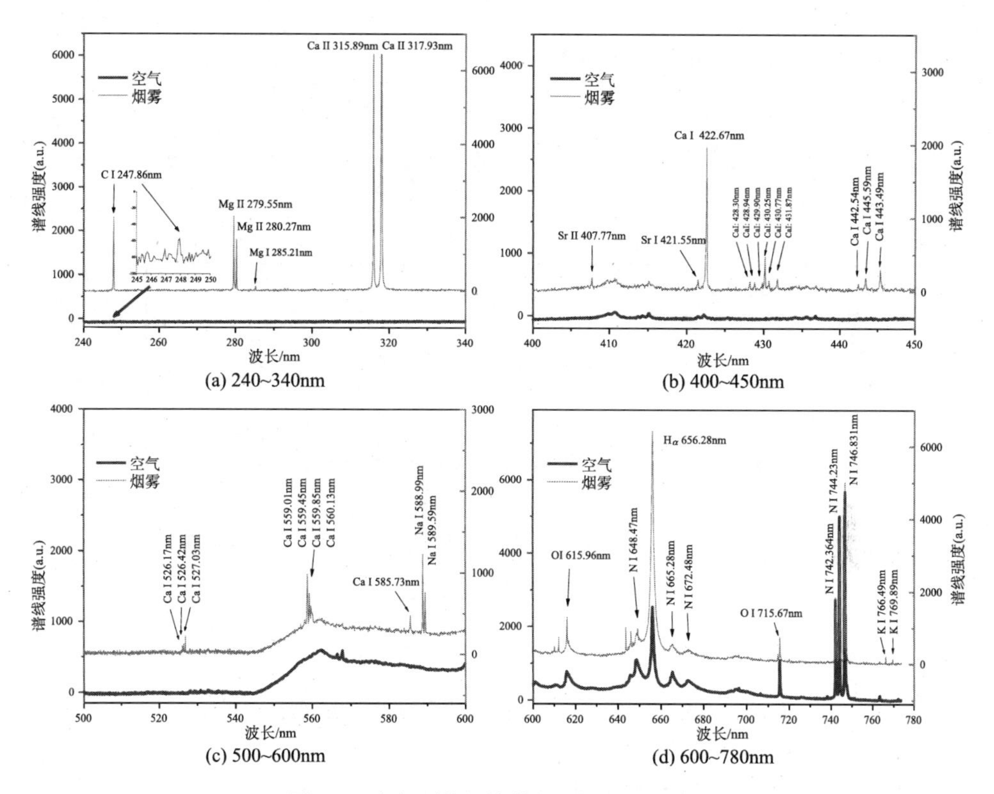

(a) 240~340nm　(b) 400~450nm

(c) 500~600nm　(d) 600~780nm

图 1-2　大气颗粒污染物探测 LIBS 光谱图

而对于大气 VOCs 成分，尽管通过 LIBS 技术能够得到元素组成信息，却无法得到 VOCs 物质的分子结构信息。所以，通常情况下 LIBS 技术需要与其他探测手段联用，如激光质谱(mass spectrometry, MS)技术。激光质谱技术是利用分子在激光场下吸收光子，电离解离产生碎片离子，再通过飞行时间质谱技术对这些碎片离子进行分辨解析，反演得到分子结构信息。通过 LIBS-MS 技术，能够快速探测大气颗粒物中 VOCs 成分的元素组成与分子结构，如图 1-3 所示。MS 技术能够补充 LIBS 分析中缺失的物质结构信息，而 LIBS 技术则弥补了 MS 技术无法分辨相同质量数碎片离子的不足，两项技术互为补充，大大提升了大气颗粒物和污染物快速原位在线探测的完整性与准确性。

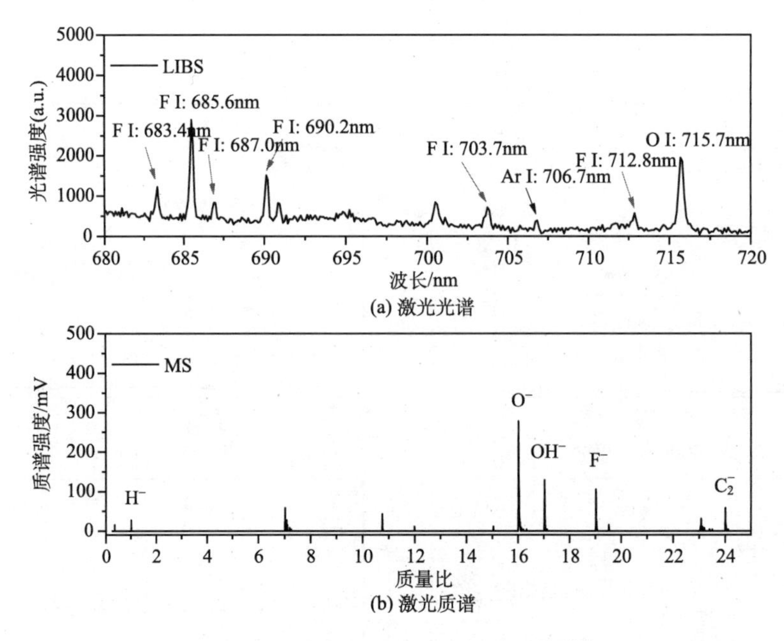

图 1-3　大气 VOCs 成分的激光光谱

1.2　大气有害气体光谱在线监测技术

近年来，随着全球经济活动与工业化进程的不断加快，工业排放、燃料燃烧、农业生产等人为污染源，以及火山喷发、微生物分解等自然源的有害气体被大量排入大气，产生了全球性的大气环境污染问题[10]。大气污染在影响环境的同时，对人体健康构成严重威胁[11]。为防治大气污染，针对大气中有害气体浓度的监测尤为重要。目前，针对大气中气体污染物监测，根据技术原理可分为化学方法和光学方法两类。其中，光学方法，尤其是基于物质指纹光谱识别的气体监测技术以其非接触、回应快、气体选择性高、性能稳定、精度高等特点，在国内外气体监测领域得到了广泛认可[12]。本节以应用广泛的差分吸收光谱技术和可调谐二极管激光吸收光谱技术为例，从吸收光谱技术的理论基础、气体监测的实施手段、大气污染监测应用等方面，对大气有害气体光谱在线监测技术展开介绍。

1.2.1　吸收光谱技术物质检测理论基础

历史上，人们很早就开始了针对介质中光传播规律的研究，然而直到 18 世纪中期，介质对光的定量吸收关系才逐渐被发现确定。1760 年，J. H. Lambert 发现光的衰减程度与其在介质中的传播距离有关，光在吸收介质中传播距离越长，光强衰减越剧烈；1852 年，A. Beer 进一步发现光在介质中产生的强度衰减不仅与光在介质中传播的距离有关，还与光传输介质的浓度有关，在介质中传播距离不变的条件下，光强随吸收介质浓度的增大而迅速衰减。根据上述实验规律，如图 1-4 所示，对于具有光吸收特性的均匀物质，当光在其中传播时，光强的吸收量 dI 将与物质的粒子数密度 N、入射光强 I、光在物质中的传播距离 dl 以及光传输物质对光的吸收截面 σ 相关。将上述规律用公式表示可得

$$\mathrm{d}I = \sigma N I \mathrm{d}l \tag{1-1}$$

对于均匀物质，公式(1-1)可对传输距离 dl 积分，此时衰减后的透射光强 I 将满足

$$I(\lambda) = I_0(\lambda)\exp\left[-\sigma(\lambda)NL\right] \tag{1-2}$$

可以看到，经物质吸收后的透射光强随光在介质中传播距离与介质浓度的乘积指数衰减。式(1-2)即为光在物质中传播产生的光吸收所满足的基本定律——Lambert-Beer 定律的表达式。为了描述物质对光的吸收能力，人们引入了吸收截面 σ，它是与物质能级结构相关的物理量，不随吸收物质浓度发生改变，具有很强的物质特异性，因此物质的吸收光谱又被称为指纹光谱。大量实验证实，Lambert-Beer 定律对具有吸收特性的不同物态物质均适用，它作为基于光谱分析的物质检测技术的基础理论，被广泛应用于物质检测领域。Lambert-Beer 定律具有一定的适用范围。研究表明，光在痕量物质中的传播规律满足 Lambert-Beer 定律，但对于高浓度物质，由于此时分子间的相互作用无法忽略，由物质吸收引起的光衰减规律将偏离 Lambert-Beer 定律。此外，非单色入射光、非均匀散射体系、光与物质之间的荧光和光化学现象的发生等，也会导致测量结果发生偏离。

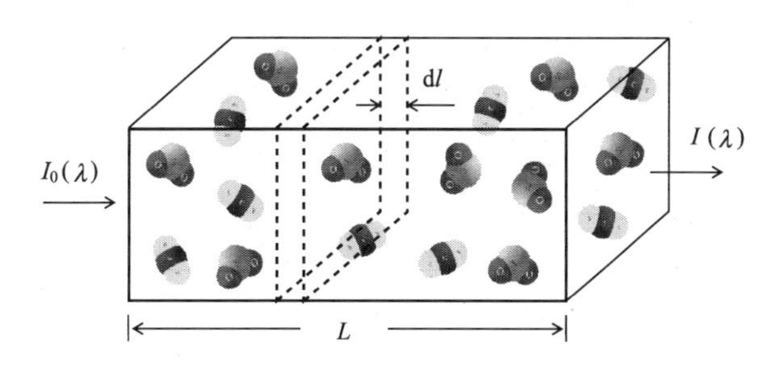

图 1-4　Lambert-Beer 定律原理示意图

Lambert-Beer 定律给出了物质浓度与探测光强之间的定量关系，为降低物质浓度计算过程的复杂程度，一般采取对数变换的手段，将物质浓度与光强测量量

间的关系转变为线性关系予以求解，此时式(1-2)变形为

$$\mathrm{OP}=\ln\left[I(\lambda)/I_0(\lambda)\right]=-\sigma(\lambda)NL \tag{1-3}$$

入射光强与探测光强比值的对数是测量量，被定义为光学参量OP。理论上，通过查表可以获得物质对不同波长光的吸收截面，利用光学参量OP的测量值，在已知传播距离的情况下，即可获得待测物质的浓度。然而，在实际测量中，物质的吸收截面往往由于系统响应等因素的影响与查表数据有所不同，某些测量场所光传播距离难以获取，此时便需要通过对测量系统进行先行标定，方可实现物质浓度的测量。对于基于吸收光谱技术的物质检测，灵敏度S和探测限DL是描述物质检测能力的重要物理量。其中，灵敏度S指浓度一定时，光学参量OP的增量与待测物质浓度N增量的比值，即

$$S=\Delta\mathrm{OP}/\Delta N \tag{1-4}$$

对于满足线性关系的OP与N，灵敏度S为吸收截面σ与传播距离L的乘积。探测限反映系统可以分辨的最低待测物质浓度。探测限越低，物质检测能力越高。一般采用3倍空白样本重复测量所得光学参量标准偏差s_{OP}对应的物质浓度作为测量系统的探测限，可以表示为

$$\mathrm{DL}=3s_{\mathrm{OP}}/S \tag{1-5}$$

对于吸收光谱技术，选择物质的强吸收波段进行探测以及延长光在物质中的传播距离，是提高物质检测能力的关键。

根据采用光源类型的不同，吸收光谱技术可分为宽带吸收光谱技术和激光吸收光谱技术两类，下面我们将重点介绍宽带吸收光谱技术的代表——差分吸收光谱技术以及激光吸收光谱技术的代表——可调谐二极管激光吸收光谱技术。

1.2.2 差分吸收光谱技术

20世纪70年代，差分吸收光谱(differential optical absorption spectroscopy, DOAS)技术由德国Heidelberg大学Platt教授提出，它是一种在气体吸收理论Lambert-Beer定律的基础上演化而来的气体检测技术。它采用氘灯、氙灯等具有宽带发射谱的光源作为系统光源，入射光经待测气体吸收后由光谱仪分光而后被探测器接收，其检测系统示意图如图1-5所示。

光在气体中传输，除受到待测气体的吸收外，光路中粒子对光的散射作用、光源发射光谱强度随时间的波动等因素，都会对探测光强产生影响，降低气体检测结果的可靠性。实验表明，由散射、光源不稳所引起的光强变化随波长缓慢变化。差分吸收光谱技术通过选用随波长剧烈变化的气体吸收特征，来实现基于吸

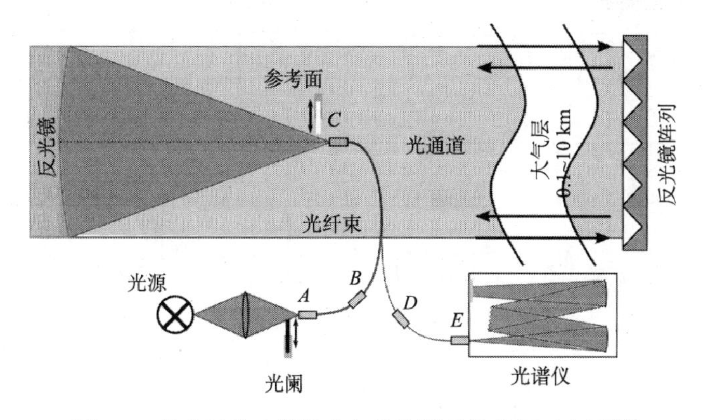

图 1-5　差分吸收光谱技术气体检测系统装置示意图[13]

收光谱的气体检测技术环境适应能力和检测能力的提高。其核心思想是：将气体的特征吸收分为两个部分，其一随波长缓慢变化，其二随波长剧烈变化。随波长剧烈变化的部分又称为差分吸收光谱。通过在整体吸收特征中提取差分吸收部分，实现气体浓度测量[14]。为了获得气体的差分吸收光谱，目前已发展了多种不同的提取方法，应用较为广泛的提取方法有滤波和多项式拟合[15,16]。其中，滤波通过滤波函数将光谱信息中的低频项滤除以实现高频光谱特征的提取。多项式拟合则通过对整体吸收光谱特征进行多项式拟合得到慢变吸收光谱，而后将吸收特征中的慢变部分去除以实现快变光谱的提取。差分吸收光谱技术以差分吸收特征为基础，其对探测光谱的分辨率具有较高要求。

1.2.3　可调谐二极管激光吸收光谱技术

可调谐二极管激光吸收光谱(tunable diode laser absorption spectroscopy, TDLAS)技术由 Reid 和 Hinkley 等最早提出，不同于差分吸收光谱技术，TDLAS 技术采用可调谐二极管激光器作为光源。激光器的输出频谱很窄，但对于可调谐二极管激光器，可通过调节其输入电流和控制温度，使激光输出扫过较宽的波长范围，从而覆盖待测气体的一条或几条独立的吸收线。TDLAS 技术一般采用锯齿波对激光器输出波长进行调制，通过测量经过气体吸收后的激光强度，结合拟合基线，再根据 Lambert-Beer 定律求取光路中待测气体的平均浓度。图 1-6 所示为 TDLAS 技术系统装置示意图。

为提高 TDLAS 技术测量结果的可靠性和灵敏度，一般将 TDLAS 技术与波长调制光谱(wavelength modulation spectroscopy, WMS)技术或频率调制光谱(frequency modulation spectroscopy, FMS)技术联用。这里主要简述 WMS 技术的具体操作过程：将高频正弦信号与锯齿波叠加共同调制激光器的输出波长，经气

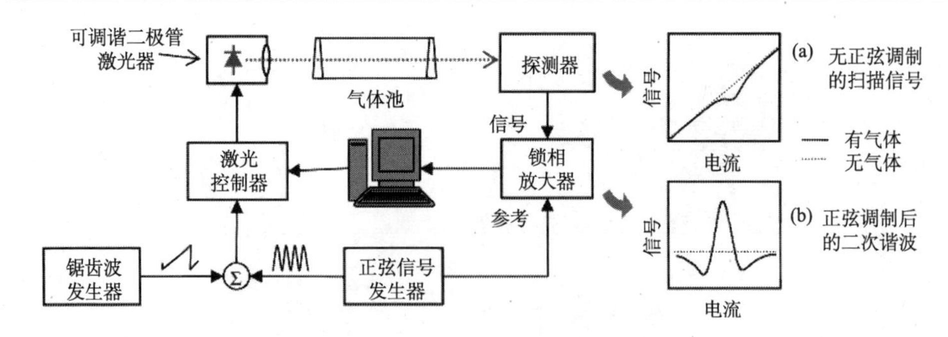

图 1-6　TDLAS 技术系统装置示意图[17]

体吸收衰减后的激光光强被探测器接收并进行光电转换，转换后携带气体吸收光谱信息的电信号被传递给锁相放大器进行解调。锁相放大器的原理是乘法器，通过将具有整数倍正弦信号频率的解调信号与光电转换后所得测量电信号相乘，并将结果中的高频项滤除，可实现调制信号的解调。由于高频噪声较小，调制技术实际上是将测量信号转移到高频来实现信号的降噪。在与 WMS 技术结合的 TDLAS 技术中，锯齿波负责较宽波长范围内的激光器输出调制，正弦波负责将测量结果移至高频同时实现信号的放大。通过改变锁相放大器内参与解调的参考信号的频率，可以解调出不同阶次的谐波，谐波强度随阶次降低，一般采用二次谐波对气体浓度进行测量，二次谐波的波形如图 1-6 所示，对于痕量气体，其峰值强度与所测气体浓度之间满足线性关系。

1.2.4　吸收光谱技术大气污染监测应用

目前，差分吸收光谱技术和可调谐二极管激光吸收光谱技术均被大量应用于大气有害气体监测领域。其中，根据差分吸收光谱技术的气体监测系统探测方式的不同，可分为主动式和被动式两类[18, 19]。主动式采用大功率氙灯、氘灯等作为光源，通过机载设备可实现对大气环境的监测；被动式采用自然光作为光源，通过星载或地基系统实现大气环境监测。差分吸收光谱技术多应用于紫外光和可见光波段，尤其适用于在一定光谱波段范围内具有连续、随波长剧烈变化的特征吸收的气体测量，其在大气中臭氧、二氧化硫、氨气、氮氧化物、苯、甲醛等有害气体监测领域均表现出了非凡的能力[20-22]。根据用途的不同，以差分吸收光谱技术为基础，发展出多种衍生的气体监测技术，如长程差分吸收光谱(LP-DOAS)技术、多轴差分吸收光谱(MAX-DOAS)技术等，图 1-7 给出了采用 LP-DOAS 技术获得的空气中二氧化硫、亚硝酸、二氧化氮以及臭氧浓度的多气体组分监测结果，其有害气体测量能力可达到 ppbv(体积比单位，10^{-9})量级[18]。基于差分吸收光谱技术的大气中有害气体监测系统一般与望远镜相结合，以实现大气中远距离气体浓度的测量。除应用于大气有害气体监测，差分吸收光谱技术还被广泛应用于平流层与对流层大气组分的构成分析、大气自由基测量、大气光化学反应过程分析等科学研究领域[23,24]。

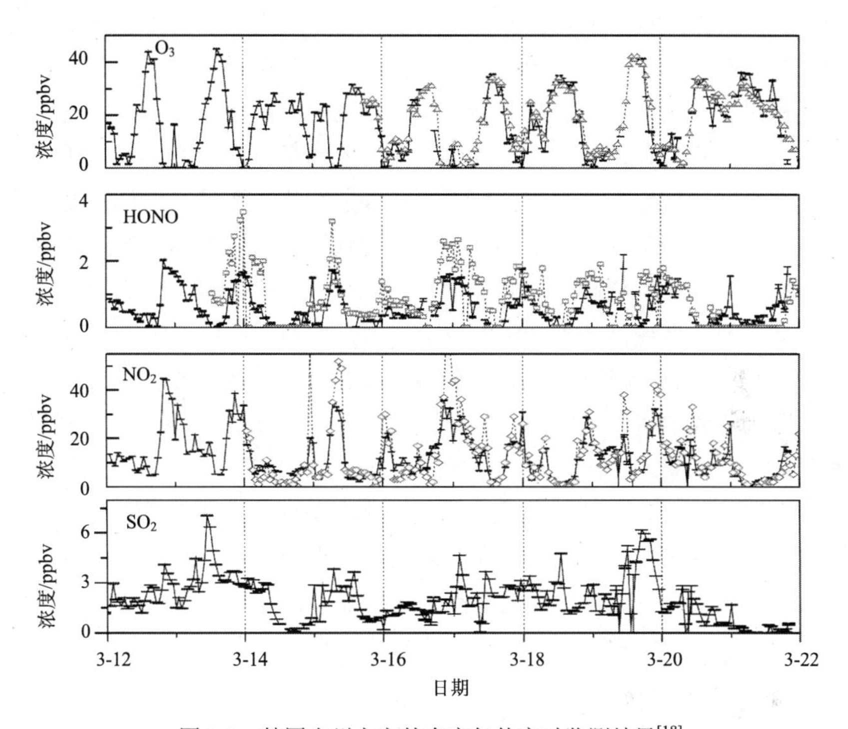

图 1-7　韩国光州上空的有害气体实时监测结果[18]

与差分吸收光谱技术相比，可调谐二极管激光吸收光谱技术多应用于红外光波段。红外光吸收源自振转跃迁，多数气体在红外光波段具有丰富的吸收特征，这为气体含量的测量提供了便利。对于一氧化碳、甲烷等在紫外光和可见光波段不具有强吸收特征的大气有害气体，可调谐二极管激光吸收光谱技术使这些气体的测量成为可能[25,26]。近年来，随着量子级联激光器的不断发展成熟，激光器的可调谐范围得到了拓展，更使可调谐二极管激光吸收光谱技术获得了广阔的发展空间。此外，由于可调谐二极管激光吸收光谱技术具有高光谱分辨率，通过观察气体谱线增宽的变化可实现气体温度、压强等物理量的测量，其成为能源工程中燃烧过程的重要分析手段之一[26, 27]。

1.3 基于激光技术的大气碳循环中碳同位素的在线监测

碳是组成生物体的最基本元素之一，其以多种形式广泛分布于大气圈、岩石圈和生物圈。自被发现以来，碳元素在人们的生产与生活中发挥了重要作用：碳水化合物是所有生物维持生命活动的主要能量来源；煤、石油、天然气等化石燃料则是当前最重要的能源。但是，碳及其化合物的广泛使用产生了大量的如二氧化碳、甲烷等温室气体，而大气中温室气体浓度的迅速增加引发了包括全球变暖在内的一系列环境问题[28]，严重破坏了全球农业和生态系统。二氧化碳等含碳温室气体被释放，它们可以参与全球碳循环，而碳循环影响着人类和其他生物的生存环境的稳定性。关于碳循环的研究一直是最热门的研究课题之一。21 世纪以来，全球碳循环的研究普遍是基于稳定同位素技术，而对碳同位素的探测最常用的是激光质谱法。质谱分析能够通过电场或磁场分离解析不同质量数的碳同位素碎片，从而实现碳同位素的探测。但是，由于质谱技术无法分辨相同质量数的碎片离子，故而对于同一质谱峰，时常具有多种标定可能性(如 ^{12}CH 与 ^{13}C)，这给分析人员造成了巨大困扰，也大大降低了质谱分析的准确度，尤其是在同位素的探测上。

近些年，部分科学家们开始转向研究基于激光光谱法的碳同位素在线探测。与传统 LIBS 技术不同的是，元素探测是基于原子谱线或离子谱线分析，而同位素探测是基于等离子体激发光谱中的分子谱线分析。目前，对于碳同位素的探测主要是基于 CN 分子自由基光谱。在激光诱导高温等离子体的外缘，由于温度低于等离子体中心的温度，该部分自由碳原子或者含碳分子与周围环境中的氮气分子 N_2 发生反应而生成 CN 双原子自由基分子（$C+N_2\rightarrow CN+N$）[29]，如图 1-8 所示。激光光谱中的谱线源于电子的跃迁辐射，在双原子分子光谱中，由于分子结构十分复杂，存在多种密集跃迁谱线，所以分子谱线通常为带状谱。碳原子具有两种主要同位素 ^{12}C 和 ^{13}C(^{14}C 的自然丰度极低，通常不考虑)，组成 CN 自由基的碳质量数的变化将引起分子约化质量的变化，进而导致 CN 的分子谱带发生波长位移[30]。以振动跃迁谱线 $B^2\Sigma^+(\nu=1)\rightarrow X^2\Sigma^+(\nu=0)(\Delta\nu=+1)$（$\nu$ 为振动量子数）为例，如图 1-9 所示，在 ^{12}CN 分子谱带中，其跃迁上下能级差可表示为

$$\Delta E_{(1,0)}=\Delta E_{(1,1)}+\Delta E_0 \tag{1-6}$$

其中，$\Delta E_{(1,0)}$ 为 $B^2\Sigma^+(\nu=1)\rightarrow X^2\Sigma^+(\nu=0)$ 的跃迁能级差，$\Delta E_{(1,1)}$ 为 $B^2\Sigma^+(\nu=1)\rightarrow X^2\Sigma^+(\nu=1)$ 的跃迁能级差。同样地，对于 ^{13}CN 分子谱带，跃迁上下能级差可表示为

$$\Delta E'_{(1,0)} = \Delta E'_{(1,1)} + \Delta E'_0 \tag{1-7}$$

上标“′”表示不同的同位素。通常，质量数的增加对基态与激发态间相同振动能级的势能差的影响甚微，即 $\Delta E_{(1,1)}$ 与 $\Delta E'_{(1,1)}$ 近似相等，但基态或激发态中不同振动能级的势能差发生较大的变化，即 $\Delta E_0 \neq \Delta E'_0$。所以 $B^2\Sigma^+(\nu=1) \to X^2\Sigma^+(\nu=0)$ 的跃迁上下能级差将因为质量数的改变而发生改变，反映于光谱中即表现为分子谱带的波长位移。如图 1-10 所示，^{13}CN 中碳的质量数增加，使得 $B^2\Sigma^+(\nu=1) \to X^2\Sigma^+(\nu=0)$ 对应能级差减小 0.058eV，对应于谱线红移 0.6nm，这样大幅度的波长位移可以轻易地被光谱仪分辨。因此，基于分子辐射光谱的同位素效应，激光光谱技术可以用于直接在线探测大气碳循环中的碳同位素。

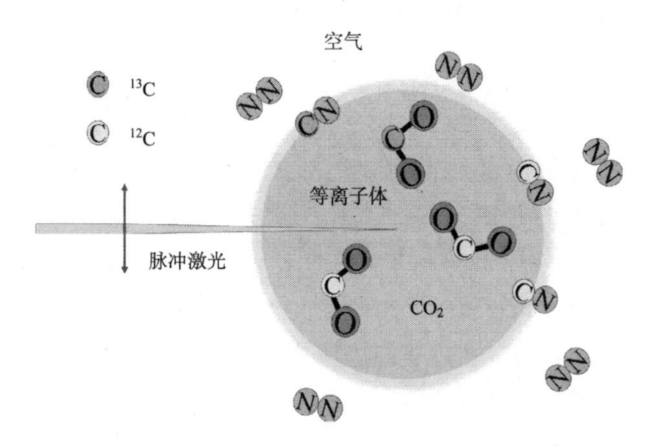

图 1-8　激光诱导等离子体中 CN 自由基分子的形成机理

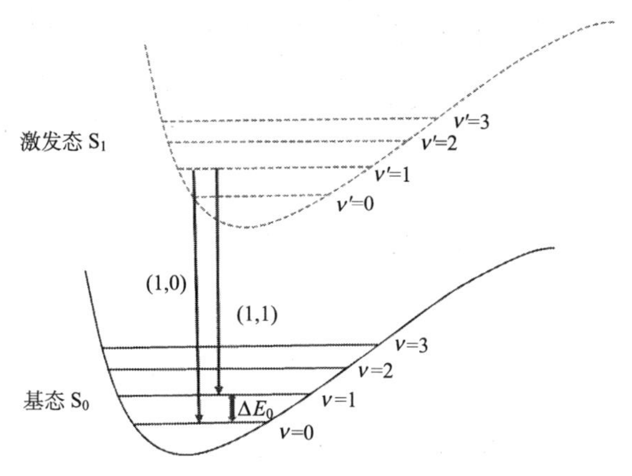

图 1-9　$B^2\Sigma^+(\nu=1) \to X^2\Sigma^+(\nu=0)(\Delta\nu=+1)$ 跃迁的振动能级示意图

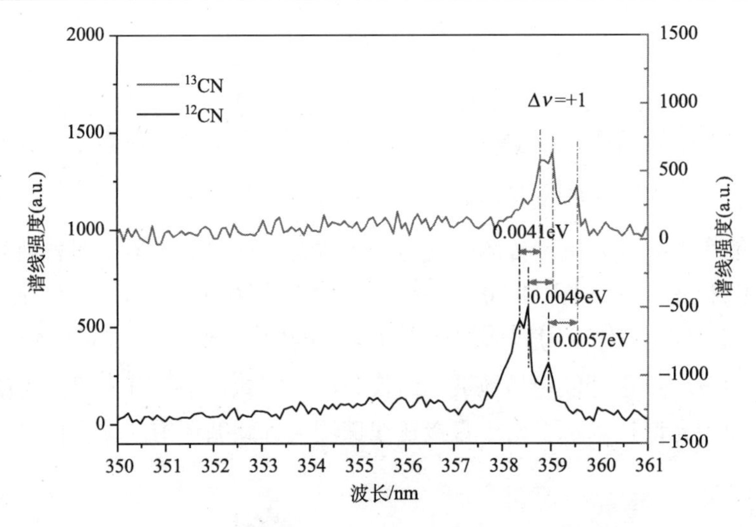

图 1-10　^{12}CN 与 ^{13}CN 自由基的分子同位素光谱

此外，除了大气碳循环研究，^{13}C 与 ^{14}C 同位素还被广泛用于针对人体幽门螺杆菌检测的尿素呼气试验中，^{14}C 也常应用于考古学、地质学和水文地质学样本的年代测定等，上述环境下的碳同位素探测都可以通过激光光谱技术完成。另外，激光光谱技术对于氢、硼、氮等轻元素的同位素探测也同样有效[31]。激光光谱技术作为一种极具潜力的同位素快速在线检测方法，在物理、化学、地球科学等诸多领域内发挥着越来越重要的作用。

参 考 文 献

[1] 何建国. 浅谈大气中主要污染物的来源及其对人体健康的影响[J]. 青海科技, 2001, 8(4): 40-41.

[2] 张玉梅. 北京市大气颗粒物污染防治技术和对策研究[D]. 北京: 北京化工大学, 2015.

[3] Suess D T, Prather K A. Mass spectrometry of aerosols[J]. Chemical Reviews, 1999, 99(10): 3007-3036.

[4] 杨复沫, 贺克斌, 马永亮, 等. 北京大气细粒子 $PM_{2.5}$ 的化学组成[J]. 清华大学学报: 自然科学版, 2002, 42(12): 1605-1608.

[5] Cyrys J, Stölzel M, Heinrich J, et al. Elemental composition and sources of fine and ultrafine ambient particles in Erfurt, Germany[J]. Science of the Total Environment, 2003, 305(1-3): 143-156.

[6] 张晶, 王玮, 陈宗良. 北京市大气小颗粒物的污染源解析[J]. 环境科学学报, 1998, 18(1): 62-67.

[7] 曹军骥, 李建军. 二次有机气溶胶的形成及其毒理效应[J]. 地球环境学报, 2016, 7(5):

431-441.

[8] Corsolini S, Ademollo N, Romeo T, et al. Persistent organic pollutants in edible fish: A human and environmental health problem[J]. Microchemical Journal, 2005, 79 (1-2) : 115-123.

[9] Ahmed R, Baig M A. A comparative study of single and double pulse laser induced breakdown spectroscopy[J]. Journal of Applied Physics, 2009, 106 (3) : 371.

[10] Mejia R G, Vazquez J M R, Isakina S S, et al. Development of a passive DOAS system to retrieve atmospheric pollution columns in the 200 to 355 nm region[J]. Iranian Journal of Environmental Health Science & Engineering, 2013, 10: 8.

[11] Kamimura A, Armenta B, Nourian M, et al. Perceived environmental pollution and its impact on health in China, Japan, and South Korea[J]. Journal of Preventive Medicine and Public Health, 2017, 50 (3) : 188-194.

[12] Chen J, Hangauer A, Strzoda R, et al. Laser spectroscopic oxygen sensor using diffuse reflector based optical cell and advanced signal processing[J]. Applied Physics B, 2010, 100: 417-425.

[13] Nasse J M, Eger P G, Pohler D, et al. Recent improvements of long-path DOAS measurements: Impact on accuracy and stability of short-term and automated long-term observations[J]. Atmospheric Measurement Techniques Discussions, 2019, 12: 4149-4169.

[14] Wang L, Zhang Y G, Zhou X, et al. Optical sulfur dioxide sensor based on broadband absorption spectroscopy in the wavelength range of 198-222 nm[J]. Sensors and Actuators B: Chemical, 2017, 241: 146-150.

[15] Zhang X X, Zhou H, Chen C, et al. Ultraviolet differential optical absorption spectrometry: Quantitative analysis of the CS_2 produced by SF_6 decomposition[J]. Measurement Science and Technology, 2017, 28 (11) : 115102.

[16] Wang H S, Zhang Y G, Wu S H, et al. Using broadband absorption spectroscopy to measure concentration of sulfur dioxide[J]. Applied Physics B, 2010, 100 (3) : 637-641.

[17] Hodgkinson J, Tatam R P. Optical gas sensing: A review[J]. Measurement Science and Technology, 2013, 24: 012004.

[18] Lee J S, Kim K H, Kim Y J, et al. Application of a long-path differential optical absorption spectrometer (LP-DOAS) on the measurements of NO_2, SO_2, O_3, and HNO_2 in Gwangju, Korea[J]. Journal of Environmental Management, 2008, 86 (4) : 750-759.

[19] 周海金, 刘文清, 司福祺, 等. 多轴差分吸收光谱技术测量近地面 NO_2 体积混合比浓度方法研究[J]. 物理学报, 2013, 62 (4) : 044216.

[20] Nawahda A. Ozone monitoring using differential optical absorption spectroscopy (DOAS) and UV photometry instruments in Sohar, Oman[J]. Environmental Monitoring and Assessment, 2015, 187 (8) : 485.

[21] Zheng N, Chan K L, Xie P, et al. Observations of atmospheric trace gases in China using a compact LED long path DOAS system[J]. Atmospheric Pollution Research, 2018, 9 (2) :

379-387.

[22] Manap H, Najib M S. A DOAS system for monitoring of ammonia emission in the agricultural sector[J]. Sensors and Actuators B: Chemical, 2014, 205: 411-415.

[23] Wagner T, Ibrahim O, Shaiganfar R, et al. Mobile MAX-DOAS observations of tropospheric trace gases[J]. Atmospheric Measurement Techniques, 2010, 3: 129-140.

[24] Fuchs H, Dorn H P, Bachner M, et al. Comparison of OH concentration measurements by DOAS and LIF during SAPHIR chamber experiments at high OH reactivity and low NO concentration[J]. Atmospheric Measurement Techniques, 2012, 5: 1611-1626.

[25] Catoire V, Bernard F, Mebarki Y, et al. A tunable diode laser absorption spectrometer for formaldehyde atmospheric measurements validated by simulation chamber instrumentation[J]. Journal of Environmental Sciences, 2012, 24: 22-33.

[26] Wen Y P, Goldenstein C S, Spearrin R M, et al. Single-ended mid-infrared laser-absorption sensor for simultaneous in situ measurements of H_2O, CO_2, CO, and temperature in combustion flows[J]. Applied Optics, 2016, 55(33): 9347-9359.

[27] Spearrin R M, Ren W, Jeffries J B, et al. Multi-band infrared CO_2 absorption sensor for sensitive temperature and species measurement in high-temperature gases[J]. Applied Physics B, 2014, 116: 855-865.

[28] Mahlman J D. Uncertainties in projections of human-caused climate warming[J]. Science, 1997, 278(5342): 1416-1417.

[29] Zhang Q, Liu Y, Yin W, et al. The in situ detection of smoking in public area by laser-induced breakdown spectroscopy[J]. Chemosphere, 2020, 242: 125184.

[30] Zhang Q, Liu Y, Yin W, et al. The online detection of carbon isotopes by laser-induced breakdown spectroscopy[J]. Journal of Analytical Atomic Spectrometry, 2020, 35: 341-346.

[31] Russo R E, Bol'shakov A A, Mao X, et al. Laser ablation molecular isotopic spectrometry[J]. Spectrochimica Acta Part B: Atomic Spectroscopy, 2011, 66(2): 99-104.

第 2 章　能见度仪的测量原理、结构及发展趋势

目标能见度和目标辐射强度与距离、大气颗粒成分含量及人眼生理视觉响应等众多因素密切相关，是生态环境学涉及的重要指标，也是生态光子学领域涵盖的光学测量技术之一。一定距离目标的可见光辐射经过大气传输作用于人眼视觉系统，若其强度高于人眼照度阈值，则目标能见，否则不能见。作为一种重要的气象要素，能见度显著影响了军事作战及高速公路、航空、航海等交通运输行业，也是表征大气污染程度的关键指标[1]。随着我国经济社会的快速发展，能见度准确探测的需求日益增加。国内外已有众多研究人员及企业致力于能见度测量技术及应用的研究与装置的开发，取得了大量成果[2-6]，比如芬兰 Vaisala 公司、德国 AEG 公司及美国 Belfort 仪器公司等开发了多种商用能见度仪。我国气象及交通行业正在使用的设备基本上是国外产品，实际应用中，国产能见度仪存在着长期稳定性差、测量精度低及可靠性较低的缺陷，需进一步改进测量原理及系统结构，仍有广阔的发展前景。本章介绍了常见能见度仪的测量原理、结构组成并提出未来发展趋势。

2.1　大气对光辐射的吸收与散射

实际大气中或多或少包含一定气溶胶颗粒，几乎不存在理想洁净空气，导致光辐射在大气中传输时受到大气吸收及气溶胶散射的影响，不可避免存在一定的衰减。

大气吸收根据成因可分为分子吸收及气溶胶吸收两种。分子吸收与大气分子成分、温湿度及气压因素密切相关，比如水汽分子对 0.94μm 波长辐射具有强吸收作用；气溶胶吸收则与辐射波长、气溶胶折射率及尺寸密度相关。两者共同作用后可使用线性吸收系数表征辐射光被吸收程度，定义为

$$\alpha_\lambda = 4\pi nk/\lambda_0 \tag{2-1}$$

其中，n 为气溶胶粒子折射率；λ_0 为辐射波长；k 为介质消光系数。

根据气溶胶粒子尺寸不同，气溶胶散射可分为瑞利散射和米氏散射两类。瑞利散射由尺寸远小于波长的颗粒产生，前向与后向散射强度相近，又称为分子散射。米氏散射为粒子尺寸接近或大于波长时的粒子散射现象，其散射具有

如下特点[7]：

(1)米氏散射强度远强于瑞利散射，但随着颗粒尺寸增大，散射总能量趋于稳定值；

(2)米氏散射强度随角度变化，存在多个极大值与极小值，且极值数目随着颗粒尺寸增大而增加；

(3)颗粒尺寸增加时前向散射与后向散射之比增大；

(4)米氏散射为球形颗粒电磁散射严格解，颗粒尺寸很小时可简化为瑞利散射，尺寸很大时与几何光学计算结果一致。

一般使用线性散射系数表征散射强度。瑞利散射中线性散射系数为

$$\sigma_{\lambda\varphi}=\frac{8\pi^3}{3N_{\mathrm{A}}\rho}\frac{\left(n^2-1\right)^2}{\lambda^4}\left(1+\cos^2\varphi\right) \tag{2-2}$$

其中，λ为入射光波长(nm)；φ为散射角；N_{A}为阿伏伽德罗常数；ρ为颗粒密度(mol/cm^3)；n 为折射率；$\sigma_{\lambda\varphi}$为分子散射系数。瑞利散射强度与波长的四次方成反比。

米氏散射中线性散射系数为

$$\sigma_{\lambda}=2\pi Nr^2K\left(2\pi r/\lambda\right) \tag{2-3}$$

其中，N为单位体积中颗粒数(cm^{-3})；r为球形颗粒半径；$K(2\pi r/\lambda)$为散射面积比系数，与颗粒半径及波长之比相关；σ_{λ}为颗粒线性散射系数。

线性吸收系数α及线性散射系数σ 结合可得线性衰减系数μ，用于定量表征辐射光在大气传输中的衰减程度，定义为平行光束垂直通过单位厚度介质时的相对衰减，表达式如下：

$$\mu=\sigma+\alpha \tag{2-4}$$

辐射光的衰减由波盖尔定律决定

$$\varphi=\varphi_0\mathrm{e}^{-\mu l} \tag{2-5}$$

其中，φ_0为入射光强；φ为接收光辐射；l为介质厚度。随着传输距离增加，接收光强减小，能见度降低。

实验表明，在常见能见度范围内，分子吸收及瑞利散射对衰减贡献较小，一般认为可忽略，而气溶胶散射对衰减的影响远大于气溶胶吸收的影响，因此在实际能见度测量时，可近似认为线性衰减系数为气溶胶米氏散射线性散射系数。

2.2　能见度仪测量原理

大气能见度与辐射光衰减之间存在一定的物理联系，通过测量辐射光衰减比例可反演获得大气能见度，而光强测量技术已十分成熟，因此目前能见度测量仪器的原理一般均为直接测量光强，进而间接计算能见度。根据测量结构不同，能见度仪可分为透射式、前向散射式及后射式三类。

2.2.1　透射式能见度仪工作原理

透射式能见度仪主要测量辐射光在大气传输过程中的衰减比例，根据结构不同，可进一步分为双端透射式能见度仪及单端透射式能见度仪两种类型。

双端透射式能见度仪中光发射器与探测器分别安装于长度已经过精确标定的区域的两端。发射器发出的光脉冲经过大气衰减后到达探测器，比较光出射功率及衰减后功率，可直接根据波盖尔定律获得衰减系数

$$\mu = -\ln\tau / b \tag{2-6}$$

其中，τ 为大气透射比；b 为区域长度。可见透射式能见度仪的测量误差与 τ 及 b 的精度密切相关。根据不确定度理论分析可知，b 增加时相对误差减小，因此增加区域长度能够改善测量精度，使得测量结果与实际结果更加接近。τ 较小时测量精度较低，而光源输出功率标定及镜头脏污均会对测量造成影响，因此透射式能见度仪适用于低能见度测量，应用于高能见度测量时误差较大。一般在能见度高于 5km 时透射式能见度仪性能较低。由于发射器与探测器分开安装，双端式结构不易调校。

单端式能见度仪的基本工作原理与双端式类似，但其将发射器与探测器结合放置于区域一端，另一端则使用反射镜反射光束，因此传输距离为区域长度的两倍。单端式结构克服了双端式分离结构不易调校的缺点，但可能会因为反射镜脏污引入新的误差源。

目前透射式能见度仪已广泛应用于机场中能见度测量，可在重雾霾条件下准确测量能见度，有效范围一般为 50～2000m。若能见度超出此范围，测量误差可能较大。典型透射式能见度仪应可全自动运行，具有高准确度及可靠性，同时应具有脏污测量及误差补偿的能力。

2.2.2　前向散射式能见度仪工作原理

透射式能见度仪安装复杂，且光路不允许遮挡，导致占地面积较大，在较多

场合难以应用。为解决此问题，开发了前向散射式能见度仪，基本结构如图 2-1 所示。前向散射式能见度仪中发射器与探测器位于同一机体中，安装及调校方便，体积小，适用于气象、公路等众多领域，被广泛使用。前向散射式能见度仪中发射器发射近红外光辐射，照明待测区域，区域中各悬浮气溶胶粒子产生散射，探测器探测固定角度的散射光强。由于散射光强与粒子尺寸及浓度相关，且其与总散射量之间存在比例关系，因此根据散射光强反演可得能见度信息。

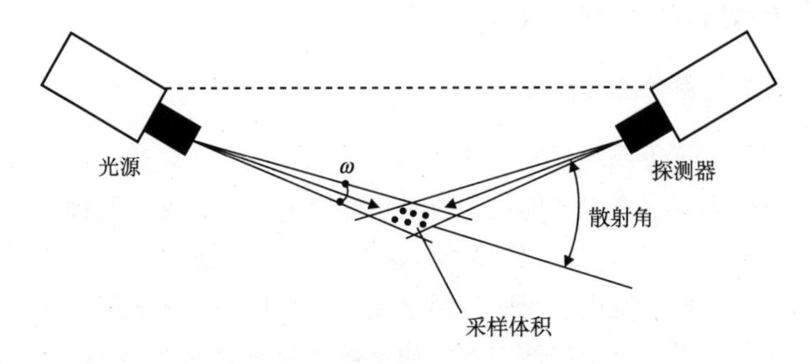

图 2-1　前向散射式能见度仪结构图

散射角是前向散射式能见度仪的重要参数，需保证该角度散射光强较大以便于测量。理论计算表明米氏散射中前向散射光强最强、后向次之、侧向最弱，因此一般选择前向散射角进行探测。另一方面需确保辐射光无法直接进入探测器，即只测量散射光，散射角不可过小。由于 30°～55°散射角范围内散射光较强，角散射系数与总散射系数比例变化较小，能够满足两方面要求，因此目前设备中一般选择该角度范围进行探测，如 Vaisala 公司的 FD12 型能见度仪散射角为 33°。实际测量中光学系统的发散及探测角度不可避免为一定范围，因此角散射系数与总散射系数之间的比例与硬件配置密切相关，为准确获得参数，一般需在生产完设备后进行调试，与标准测量结果进行比较，标定角散射系数。

前向散射式能见度仪采用近红外光波长 LED 或 LD 进行照明，环境适应性好，通过采用斩波调制锁相测量的方式可进一步提高信噪比，测量范围覆盖几米至几十千米。但测量中只能获得角散射系数而非总散射系数，在不同天气条件颗粒性质不一时，两者比例关系可能发生变化，导致两者换算时存在一定误差。与透射式相比，散射式结构由于探测区域有限，采样体积很小，需要假设大气浓度与成分均匀，导致在部分应用中同样可能产生误差。

2.2.3　后射式能见度仪工作原理

为了增加大气采样体积，可将前向散射式能见度仪改进为后射式能见度仪，结构与激光雷达类似，其中发射器与探测器光轴近似平行，探测器测量后向散射光强。由于采样体积无限延伸，因此无须假设大气均匀。当采用短脉冲光源照明时，测量的时间分辨散射功率变化曲线与大气成分浓度分布相关，因此基于高速采样及数据处理算法可测量垂直能见度及斜向能见度分布。

由于后向散射光较弱且传输距离较长，光源需具有较大功率，一般使用大功率激光器作为辐射光源，如Nd:YAG固体激光器，为提高安全性，近年来一般使用半导体激光器。与前向散射式能见度仪相比，后射式能见度仪对探测电路及数据处理要求较高，成本较高，应用受到一定限制，三种能见度仪的优缺点总结见表2-1。

表2-1　能见度仪比较

结构	原理	优点	缺点
透射式能见度仪	光发射器与探测器分置于区域两端，测量光传输过程中衰减比例，反演大气能见度	直接探测透过率，测量精度高，适合低能见度	测量精度依赖于安装精度，且高能见度时精度偏低
前向散射式能见度仪	角散射系数与总散射系数之间存在一定比例，根据角散射光强反演大气能见度	无须标定发射光强，镜头脏污影响小，安装方便	采样体积较小，角散射系数与总散射系数比例有误差
后射式能见度仪	发射激光束，得到回波功率随距离变化曲线，进而反演大气能见度	采样体积大，镜头脏污影响小，无须假设大气均匀	激光器功率要求较高，设备昂贵

2.3　能见度测量中的光学矫正

大气能见度用气象光学视程表示时，指白炽灯发出色温为2700K的平行光束的光通量，在大气中削弱至初始值的5%所通过的路径长度[8]。该定义对光源提出了明确要求，需要能见度仪的探测光束为平行光束。对于透射式能见度仪，在测量通道中由于散射尤其是多次散射效应，实际光束不可能严格平行；接收端的接收值也必定受到发射端发散角的影响。对于散射式能见度仪，发射端的光源要求与透射式一致，接收端的接收值同样受到探测光束发射角及探测器接收视场角的影响。因此，在大气能见度测量过程中，要从发射端和接收端两方面进行光学矫正。发射端的矫正以透射式能见度仪为例加以论述，接收端以散射式能见度仪为例论述。

2.3.1　发射器的发散角矫正

使用透射式能见度仪测量时，发射器发散角位置及角度的变化会引起接收端探测器的准直误差，当发散角过大时，光斑不能完全落在探测器接收面内，从而出现测量错误。通常接收端有准直系统实时修正准直误差，确保透镜聚焦时光斑落在接收面内且在接收面中心位置，准直误差最小。从探测器接收光强及粒子散射的方面看，出现一定发散角后散射粒子增多，粒子的二次散射及多次散射造成了亮度方向的展宽，尤其是在能见度较低的情况下，多次散射不能被忽视且其效应显著，对探测器接收值的影响也趋于显著[9,10]。

在图 2-2 所示透射式能见度测量示意图中，探测光束发散角直接影响到接收端对样品体积 V_T 的判断，同时还受到波长、介质中粒子体积、密度、光学厚度等因素影响。

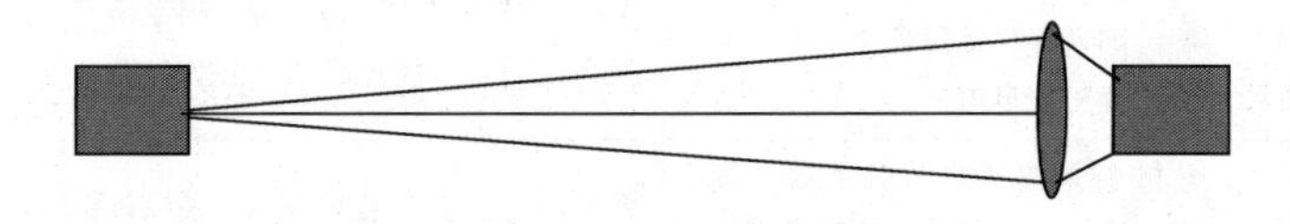

图 2-2　透射式能见度测量示意图

对于某一随机介质体积 V_T 而言，其中某一点 r 处在 e_S 方向上的辐射亮度可以分为两个部分：一部分是入射辐射在该方向上的亮度，称为约化亮度；另一部分是由体积内其他散射体对 e_S 方向的贡献，称为漫射亮度。对于透射式能见度测量装置而言，在整个立体角范围内，探测器接收到的辐射亮度是平均约化亮度和平均漫射亮度之和。

探测光束发散角的大小改变了介质体积 V_T，直接影响到了平均漫射亮度，在探测器接收值上也造成影响。而在利用 Lambert-Beer 定律计算能见度时

$$V = \frac{L\ln\varepsilon}{\ln T} = \frac{L\ln\varepsilon}{\ln\dfrac{I}{I_0}} \tag{2-7}$$

其中，$L\ln\varepsilon$ 为常数；T 为透过率；I_0 为发射光强；I 为接收光强，I 只反映光源的约化亮度值。为减小平均漫射亮度对探测器接收值造成的影响，需要在光前进方向的很窄的角度内测量[11,12]。当探测光束具有一定发散角时，角度越大，或探测通道内粒子越大，接收器接收的漫射亮度比例越大。因此，在利用 Lambert-Beer 定律计算能见度时需要用发散角与辐射亮度的关系修正探测器接收值[13-15]。

在能见度测量中用光电流来反映光强，通过探测光束发散角与透射式测量中

探测器的光电流变化分析发散角对接收值的影响。探测器中光电流表示为

$$I_t' = I_t f(\theta) \tag{2-8}$$

其中，I_t' 为应接收值；I_t 为测量值。能见度

$$V = \frac{L\ln\varepsilon}{\ln T} = \frac{L\ln\varepsilon}{\ln\frac{I_t'}{I_0}} = \frac{L\ln\varepsilon}{\ln\frac{I_t f(\theta)}{I_0}} = \frac{L\ln\varepsilon}{\ln\frac{U_t f(\theta)}{U_0}} \tag{2-9}$$

对于散射式能见度测量，在散射方向上，积分体积也受发散角影响，探测器接收值也有 $I_t' = I_t f(\theta)$，能见度

$$V = \frac{L\ln\varepsilon}{K\cdot\ln\frac{I_t f(\theta)}{I_0}} = \frac{L\ln\varepsilon}{K\cdot\ln\frac{U_t f(\theta)}{U_0}} \tag{2-10}$$

其中，K 为常数。式(2-9)、式(2-10)表明，能见度直接受到探测光束发散角的影响，必须用含有 θ 的函数修正。

为获取 θ 值，按图 2-3 所示光路搭建测量装置，结合图 2-4 所示发散角示意图，可得位置 1 处光源中心点到屏的光程 $L_1 = d + a - e\cos 45° + ne$，位置 2 处光源中心点到屏的光程 $L_2 = d + b - e\cos 45° + ne$，光源 1/2 发散角的正切值

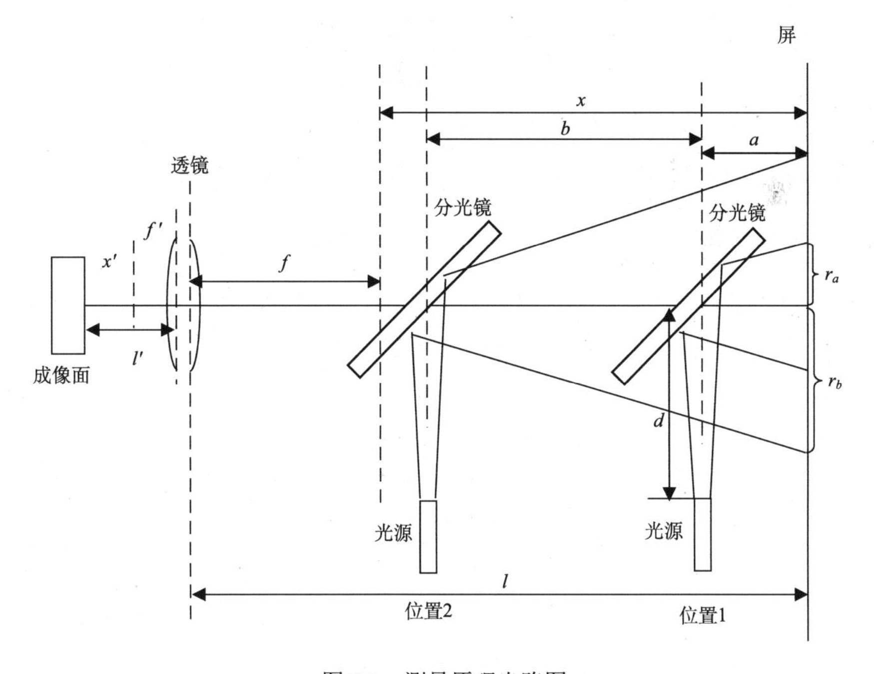

图 2-3　测量原理光路图

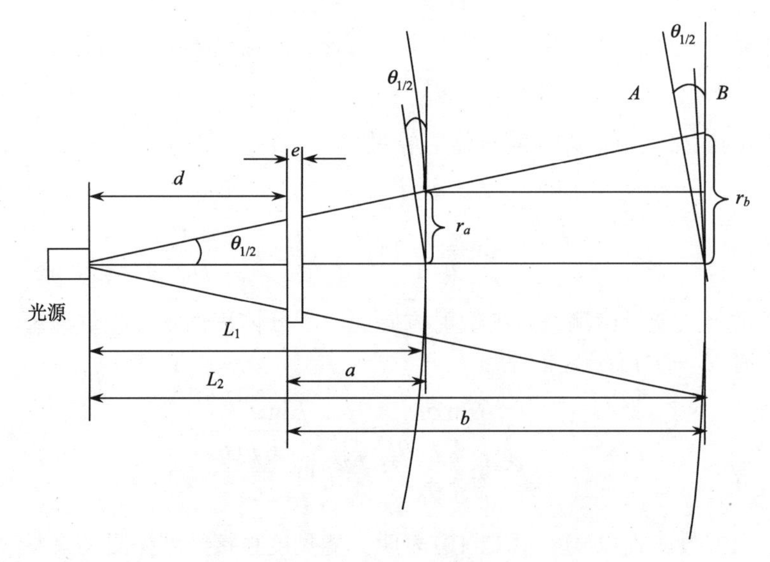

图 2-4　发散角示意图

$$\tan\theta_{1/2} = \frac{r_a}{L_1} = \frac{r_b}{L_2} = \frac{r_b - r_a}{L_2 - L_1} = \frac{r_b - r_a}{b - a} \tag{2-11}$$

发散角

$$\theta = 2\theta_{1/2} = 2\arctan\frac{r_b' - r_a'}{\beta(b-a)} \tag{2-12}$$

其中，r_a'、r_b' 为光斑成像像素半径。

函数修正 $f(\theta)$ 通过定标获取，一般可表示为 θ 的多项式。

2.3.2　接收端视场矫正

接收端的探测器前端可利用透镜和光纤组合对视场角加以约束。散射式测量的约束效果较透射式更为显著，主要体现在散射系数上。

角散射模型[16]如图 2-5 所示，A、B、C 三点共圆，点 O 为圆心，该圆半径为 r。P_{i}、P_{t} 和 P_{s} 分别为 A 处入射光强、B 处透射光强和 C 处散射光强。平行光束从 A 点入射，根据 Lambert-Beer 定律可得到 O 点和 B 点的透射光强：

$$P_O = P_{\mathrm{i}} \mathrm{e}^{-\beta_{\mathrm{sca}} r} \tag{2-13}$$

$$P_{\mathrm{t}} = P_{\mathrm{i}} \mathrm{e}^{-\beta_{\mathrm{sca}} 2r} \tag{2-14}$$

O 处的入射光在 θ_0 处的散射光强为

$$P'(\theta_0) = \beta(\theta_0) P_{\mathrm{i}} \mathrm{e}^{-\beta_{\mathrm{sca}} r} \tag{2-15}$$

所以 C 处散射光强为

$$P_s(\theta_0)=\beta(\theta_0)P_i e^{-\beta_{sca}2r} \tag{2-16}$$

角散射系数 $\beta(\theta_0)$ 为 C 处的散射光强和 B 处透射光强之比：

$$\beta(\theta_0)=P_s/P_t \tag{2-17}$$

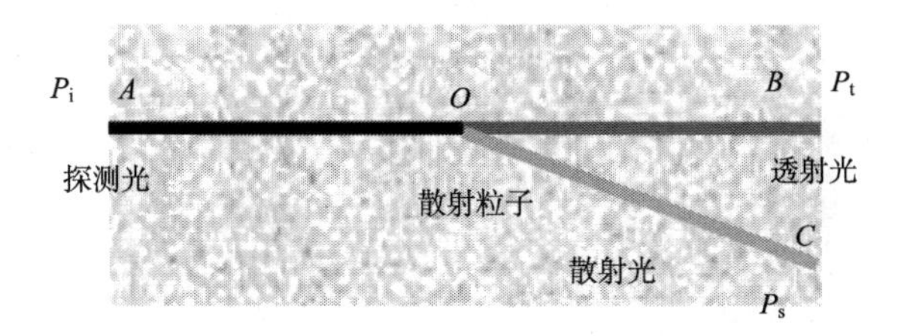

图 2-5　角散射模型

前向散射能见度仪的工作角度一般选择 33°左右，在此角度有前向散射系数和总散射系数近似成正比，且误差最小[17,18]。散射系数是散射式能见度仪的重要参数。

图 2-6 是 33°角散射系数在两种矫正方式下的测量示意图，方式 1 为透镜矫正，方式 2 为透镜加光纤矫正[19]。半导体激光器发出的激光束经调制后进入准直器形成平行光束射入气溶胶样本。选取与入射光束成 33°的两个方向同步进行散射系数测量，其中方式 1 采用透镜限制接收器的视场角，测量的散射光束较大呈锥形；方式 2 采用透镜和阶跃光纤对接收器的视场角进行限制，测量的散射光束截面较小，与散射系数的定义更接近。

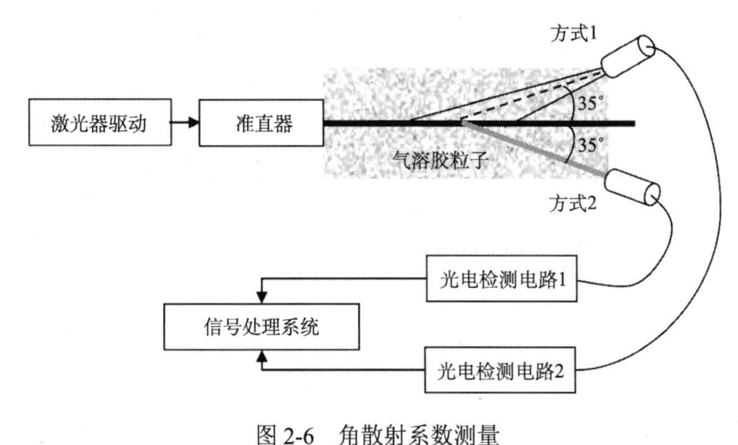

图 2-6　角散射系数测量

由式(2-17)可得采用透镜限制视场角方式测量角度 33°处的散射系数为

$$\beta_1(\theta) = P_{s1} / P_t \tag{2-18}$$

采用透镜和阶跃光纤组合方式限制接收器视场角测量角度 33°处的散射系数为

$$\beta_2(\theta) = P_{s2} / P_t \tag{2-19}$$

相比得

$$\frac{\beta_1(\theta)}{\beta_2(\theta)} = \frac{P_{s1}}{P_{s2}} \tag{2-20}$$

两种方法测得的散射系数之比等于散射光强之比。

按图 2-7 方式进行散射光强验证。两种限制接收器视场角方式在不同气溶胶浓度下测得的散射信号拟合如图 2-8 所示。方式 1 透镜矫正测得的信号大小是方

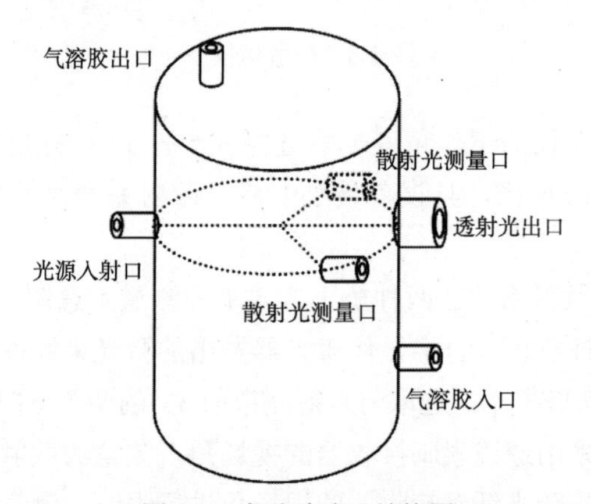

图 2-7　实验玻璃皿结构图

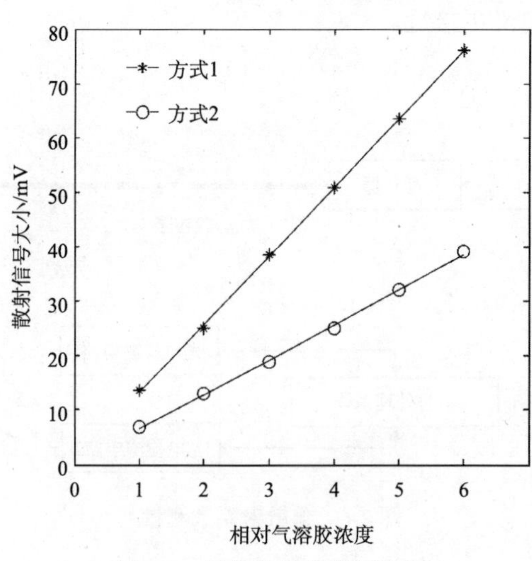

图 2-8　散射信号线性回归图

式2透镜加光纤矫正信号大小的近2倍。散射信号的大小与散射粒子的数量成正比，只采用透镜矫正方式测量的是一个较大锥角内的粒子散射的信号，其采样体积较大，测量到的信号还含有其他角度的散射光信号，测得的散射系数会大于透镜加阶跃光纤组合方式测得的散射系数。两种方式下的总散射系数 $\dfrac{\sigma_1}{\sigma_2}=\dfrac{\beta_1(\theta)}{\beta_2(\theta)}\approx 2$ 。

大气能见度 $V=\dfrac{3.912}{\sigma}$，两种方式下能见度之比 $\dfrac{V_1}{V_2}=\dfrac{\sigma_2}{\sigma_1}\approx 0.5$ 。可见在前向散射式能见度仪中接收器的视场角偏大会导致测得能见度值比真实的能见度值偏低[20]。使用透镜加阶跃光纤在探测器前方对视场加以矫正，可使测量值准确度更高。

2.4　能见度测量原理的扩展应用

能见度的测量依据来源于 Lambert-Beer 定律 $I(\lambda)=I_0(\lambda)\exp(-\mu\tau)$，表示光波在探测通道上的衰减，入射光强 I_0 在大气中经消光，得透射光强为 I，衰减系数 μ 也看作大气消光系数，τ 为光程。换一种表示方法可写为 $I(\lambda)=I_0(\lambda)\exp[-L\sigma(\lambda)c]$，$\sigma(\lambda)$ 为待测气体的吸收截面，c 为气体浓度。透射式能见度仪的核心测量参数是 μ，$\mu=\sigma(\lambda)c$，各气体的 $\sigma(\lambda)$ 可从数据库中查得，因此求 μ 的测量方法同样适用于求气体浓度，简言之，通过测量通道上的入射光强、透射光强值可求出气体浓度。变换公式可得待测气体的浓度：$c=-\ln(I/I_0)/\left[L\sigma(\lambda)\right]$。

实际现场的情况复杂多变，空气中包含水蒸气、大粒径的固体粉尘等，它们对透射光有吸收作用，同时会伴有瑞利散射和米氏散射。米氏散射的消光系数表示为

$$\varepsilon_{\mathrm{M}}(\lambda)=\varepsilon_{\mathrm{M0}}\lambda^{-n} \tag{2-21}$$

其中，n 在1～4之间取值。瑞利散射的消光系数表达为

$$\varepsilon_{\mathrm{R}}(\lambda)=\sigma_{\mathrm{R}}c_{\mathrm{AIR}}=\sigma_{\mathrm{R0}}\lambda^{-4}c_{\mathrm{AIR}} \tag{2-22}$$

其中，c_{AIR} 表示一个标准大气压下的空气分子浓度。因此，烟气中的待测气体吸收表达式可以改写为

$$I(\lambda)=I_0(\lambda)\exp\left\{-L\left[\sigma(\lambda)c+\varepsilon_{\mathrm{M}}(\lambda)+\varepsilon_{\mathrm{R}}(\lambda)\right]\right\} \tag{2-23}$$

米氏散射项与瑞利散射项只与波长相关，与气体种类数量无关。若存在n种对该段光有吸收作用的气体，设它们的吸收截面和浓度为$\sigma_i(\lambda)$和c_i，$i=1,2,\cdots,n$，则式(2-23)可以表示成

$$I(\lambda)=I_0(\lambda)\exp\left\{-L\left[\sum_{i=1}^{n}\sigma_i(\lambda)c_i+\varepsilon_{\mathrm{M}}(\lambda)+\varepsilon_{\mathrm{R}}(\lambda)\right]\right\} \tag{2-24}$$

对于混合气体(NO_2与SO_2)的浓度探测可以利用三通道方式进行[21]，每个通道探测一个波长下的光强，共探测三个不同波长下的光强，如图2-9所示。

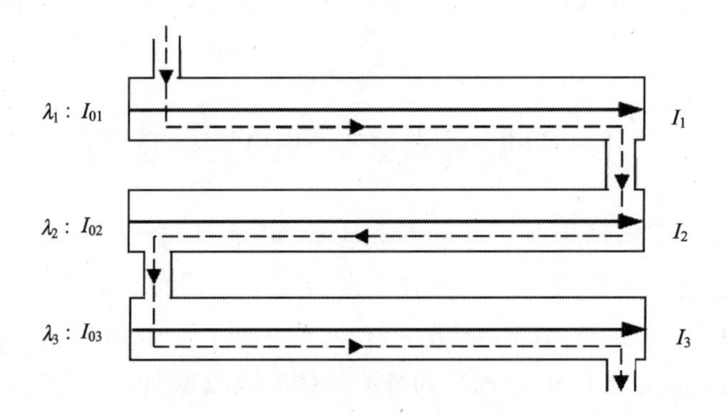

图 2-9　三通道浓度探测示意图

气体从上端入口进入，经过三个通道后由下端出口排出。三个波长不同的光分别从左端入射三个通道内，再分别从右端的三个通道出射。建立三通道方程组如下：

$$\begin{cases}I_1(\lambda_1)=I_{01}(\lambda_1)\exp\left\{-L\left[\sum_{i=1}^{2}\sigma_i(\lambda_1)c_i+\varepsilon_{\mathrm{M}}(\lambda_1)+\varepsilon_{\mathrm{R}}(\lambda_1)\right]\right\}\\ I_2(\lambda_2)=I_{02}(\lambda_2)\exp\left\{-L\left[\sum_{i=1}^{2}\sigma_i(\lambda_2)c_i+\varepsilon_{\mathrm{M}}(\lambda_2)+\varepsilon_{\mathrm{R}}(\lambda_2)\right]\right\}\\ I_3(\lambda_3)=I_{03}(\lambda_3)\exp\left\{-L\left[\sum_{i=1}^{2}\sigma_i(\lambda_3)c_i+\varepsilon_{\mathrm{M}}(\lambda_3)+\varepsilon_{\mathrm{R}}(\lambda_3)\right]\right\}\end{cases} \tag{2-25}$$

测量环境中包括4个未知数：两种气体的浓度，米氏散射和瑞利散射消光系数。由于相邻波长下米氏散射与瑞利散射对光强的影响相差较小，可以看成ε_{R}在相邻波长下是相同的，ε_{M}同样如此。方程组中λ_1与λ_2是相邻的波长，λ_2与λ_3是相邻的波长。为消除米氏散射项与瑞利散射项，对每个方程取对数后两两相除，

得到如下矩阵形式：

$$\begin{bmatrix}\alpha_{11} & \alpha_{12}\\ \alpha_{21} & \alpha_{22}\end{bmatrix}\begin{bmatrix}x_1\\ x_2\end{bmatrix}=\begin{bmatrix}\beta_1\\ \beta_2\end{bmatrix} \tag{2-26}$$

其中，矩阵方程的系数项矩阵元素 $\boldsymbol{\alpha}$ 如式(2-27)所示，消光截面可从标准数据库中取得，常数项列向量元素 $\boldsymbol{\beta}$ 如式(2-28)所示，未知数列向量元素 $\boldsymbol{x}$ 如式(2-29)所示：

$$\begin{cases}\alpha_{11}=\sigma_{SO_2}(\lambda_2)-\sigma_{SO_2}(\lambda_1)\\ \alpha_{12}=\sigma_{NO_2}(\lambda_2)-\sigma_{NO_2}(\lambda_1)\\ \alpha_{21}=\sigma_{SO_2}(\lambda_2)-\sigma_{SO_2}(\lambda_3)\\ \alpha_{22}=\sigma_{NO_2}(\lambda_2)-\sigma_{NO_2}(\lambda_3)\end{cases} \tag{2-27}$$

$$\begin{cases}\beta_1=\ln\dfrac{I_1\cdot I_{02}}{I_2\cdot I_{01}}\\ \beta_2=\ln\dfrac{I_3\cdot I_{02}}{I_2\cdot I_{03}}\end{cases} \tag{2-28}$$

$$\begin{cases}x_1=c_{SO_2}L\\ x_2=c_{NO_2}L\end{cases} \tag{2-29}$$

解出 $\boldsymbol{x}$ 即可解得各气体的浓度。

2.5　能见度仪发展趋势

能见度仪测量的核心要素是准确获得大气消光系数。透射式能见度仪测量原理直接，但其需要稳定光源。而实际光源总是存在一定波动，比如温度变化可能使得光源波长及出射功率漂移 2%以上，导致能见度高时误差较大。窗口污染同样会显著影响测量，针对此问题，Vaisala 公司提出对各种污染实时连续监测，并在反演能见度时考虑相应误差，国内航空气象防化所及四川红岳均提出了改进方案，但在长期使用中仍然无法从根本上解决污染问题，对维护有严格要求。前向散射式能见度仪则存在角散射系数与总散射系数之间比例变化的限制，理论上应建立针对不同天气情况的数值模型，但单个能见度仪获取参数有限，难以实现。为解决此问题，部分国外产品在设备上加装了天气识别模块，反演时根据天气选择对应模型。采样体积有限同样限制了前向散射式能见度仪的测量精度，当周围烟雾造成采样区域内浓度及成分突变时，测量结果无法反映实际天气状况。后射式能见度仪与前向散射式类似，受到理论限制，反演能见度时变量过多，制约了其实际应用。

随着理论发展及光机电技术进步，能见度仪有广阔的改进空间。前向散射式及后射式能见度仪主要需要完善散射系数与总散射系数之间的数学模型。国产设备则需加入天气分辨模块及污染检测技术，以在反演时考虑相关因素影响，提高测量精度。透射式光学系统在长传输距离时难以对准，并可能因空气扰动造成误差，因此研发自适应主动对准装置十分必要。总体来说，目前尚无一种可以适用于任意场合的能见度测量技术及装置，针对待测量能见度的特点选择对应技术更为经济合理。

参 考 文 献

[1] 李春亮, 曲来世, 张勇, 等. 能见度测量技术 100 问[M]. 北京: 气象出版社, 2009.

[2] Yu X, Ma J, An J, et al. Impacts of meteorological condition and aerosol chemical compositions on visibility impairment in Nanjing, China[J]. Journal of Cleaner Production, 2016, 131: 112-120.

[3] Zou J, Liu Z, Hu B, et al. Aerosol chemical compositions in the North China Plain and the impact on the visibility in Beijing and Tianjin[J]. Atmospheric Research, 2018, 201: 235-246.

[4] Wang B, Chen Y, Zhou S, et al. The influence of terrestrial transport on visibility and aerosol properties over the coastal East China Sea[J]. Science of the Total Environment, 2019, 649: 652-660.

[5] Peng Y, Wang H, Hou M, et al. Improved method of visibility parameterization focusing on high humidity and aerosol concentrations during fog–haze events: Application in the GRAPES_CAUCE model in Jing-Jin-Ji, China[J]. Atmospheric Environment, 2020, 222: 117-139.

[6] Molnar A, Imre K, Ferenczi Z, et al. Aerosol hygroscopicity: Hygroscopic growth proxy based on visibility for low-cost PM monitoring[J]. Atmospheric Research, 2020, 236: 104815.

[7] van de Hulst H C. Light Scattering by Small Particles[M]. New York: Dover Publications, 1981.

[8] McCartney E J. Optics of the Atmosphere: Scattering by Molecules and Particles[M]. New York: Wiley, 1976.

[9] 麦卡特尼. 大气光学分子粒子散射[M]. 北京: 科学出版社, 1989.

[10] 弗里德兰德(S. K. Friedlander). 烟、尘和霾: 气溶胶性能基本原理[M]. 常乐丰, 译. 北京: 科学出版社, 1983.

[11] Friedlander S K. Smoke, Dust and Haze: Fundamentals of Aerosol Behavior[M]. New York: Wiley-Interscience, 1977.

[12] Lü W Y, Yuan K E, Hu S X, et al. Research on possible effects of atmospheric optical characteristics on laser propagation in arid area[J]. Acta Photonica Sinica, 2015, 44(10):

1014001.

[13] Zhao J, Xiao S, Wu X, et al. Parallelism detection of visibility meter's probe beam and the effect on extinction coefficient measurement[J]. Optik-International Journal for Light and Electron Optics, 2017, 128: 34-41.

[14] 赵静，肖韶荣，张仙玲. 能见度仪探测光束平行度检测方法[J]. 应用光学，2014，35(1)：90-94.

[15] Zhao J, Xiao S, Zhang X. Improve atmospheric visibility accuracy with the divergence angle correction of the probe beam[J]. Optik-International Journal for Light and Electron Optics, 2018, 154: 428-434.

[16] Xiao S, Chen J, Wang Z, et al. New set of measuring terrain atmospheric visibility with optical fiber[C]. Proceedings SPIE 4920, Advanced Sensor Systems and Applications, Photonics Asia 2002, International Society for Optics and Photonics, Shanghai, China, 2002: 187-192.

[17] 谭浩波，陈欢欢，吴兑，等. Model 6000 型前向散射能见度仪性能评估及数据订正[J]. 热带气象学报, 2011, 26(6): 687-693.

[18] Winstanley J, Adams M. Point visibility meter: A forward scatter instrument for the measurement of aerosol extinction coefficient[J]. Applied Optics, 1975, 14(9): 2151-2157.

[19] 肖韶荣，黄新，张周财，等. 散射能见度仪接收器视场角对测量的影响[J]. 现代雷达，2015，37(1): 78-82.

[20] 黄新. 改善散射式能见度测量仪的不确定度研究[D]. 南京：南京信息工程大学, 2013.

[21] Zhao J, Xiao S. A measurement method of flue mixed gas concentration with multi-channel ultraviolet LED detector[J]. Optik-International Journal for Light and Electron Optics, 2019, 195: 163142.

第3章　应用于生态信息监测的光探测芯片与器件

随着人类对生态环境问题的日益关注，在生态光子信息监测领域，研究人员致力于开发更为有效、精确的大气、水文、土壤、生物监测仪器。在很多仪器中，光探测芯片是关键部件，其特性往往决定了生态光子信息监测仪器的总体功能。随着人们对陆地(森林、草原、荒漠、湿地)和水域(海洋、河流、湖泊)等自然生态系统，以及城市、农田等人工生态系统监测需求的不断提升，生态光子信息监测芯片与器件的应用领域急剧扩大，例如，紫外光探测器用于电晕检测、环境监测、生物检测以及火焰检测，可见光及红外光探测器主要用于光谱分析、大气探测、激光雷达等，红外热成像用于动植物生态观测、土壤水分监测保墒、动物行为监测、海洋生态监测等。如今，生态信息监测的光探测芯片与器件的使用，已渗透到生态研究的各个领域中。

3.1　光探测器的基本原理

光探测器(photodetector)是一种将入射光信号(紫外、可见、红外光辐射)转变为电压或电流等电信号的器件[1,2]。按照光电效应可以分为内光电效应器件如半导体光探测器，以及外光电效应器件如光电倍增管(见 3.4 节)。通过吸收光子并产生自由电子空穴对，即光生载流子。由于基于半导体 p-n 结的光探测芯片和器件具有体积小、速度快、灵敏度高的优点，广泛应用于生态信息监测领域。

半导体吸收光子产生电子空穴对的过程，相应的光子能量要大于等于半导体的禁带宽度 E_g 或激子能量(当平均热能 k_BT 低于激子束缚能时)，从而使价带电子跃迁到导带或激子能级。吸收光子的截止波长 λ_c 取决于半导体的禁带宽度(为方便讨论，这里先不考虑激子能级)，光的频率为ν，可以得到 $h\nu=E_g$。由普朗克常量 $h=4.13567\times10^{-15}$eV·s，光速 $c=2.99792\times10^{17}$nm/s，上式也可表达为

$$\lambda_c(\text{nm})=\frac{hc}{E_g}=\frac{1240}{E_g(\text{eV})} \tag{3-1}$$

所以，根据不同波长的用途选取合适 E_g 的半导体至关重要。例如，对于广泛使用的 Si，其室温下 E_g=1.12eV，于是得到 λ_c =1107nm；而 GaN 的 E_g=3.44eV，相应的 λ_c =360nm。很明显，GaN 作为光吸收层的光探测器不能用于可见光和红

外光波段，Si 光探测器可以覆盖紫外光、可见光、部分近红外光波段，但是不能用在 1.2～1.6μm 的光通信波段。表 3-1 列出了一些典型的半导体的特性。

表 3-1　温度为 300K 时，一些典型的半导体的禁带宽度、截止波长和禁带类型（D=直接，I=间接）

半导体	E_g/eV	λ_c/nm	类型	半导体	E_g/eV	λ_c/nm	类型
ZnS	3.66	339	D	GaAs	1.42	873	D
GaN	3.44	360	D	InP	1.35	919	D
ZnO	3.35	370	D	Si	1.12	1107	I
SiC	2.996	414	D	Ge	0.66	1879	I
CdS	2.49	498	D	PbS	0.35	3543	D
CdSe	1.70	729	D	InAs	0.18	6889	D

波长小于截止波长 λ_c 的入射光被半导体吸收，并且光强随着进入半导体的距离增加而呈指数衰减。距离半导体表面 x 处的光功率 P 为

$$P(x)=P_0\mathrm{e}^{-\alpha x} \tag{3-2}$$

其中，P_0 为入射光功率；α 为吸收系数，该式称为吸收定律。从图 3-1 可见，吸收系数 α 与半导体材料特性以及光子能量即波长 λ 有关。63%的光子吸收发生在深度 $1/\alpha$ 以内，故也称为吸收深度。

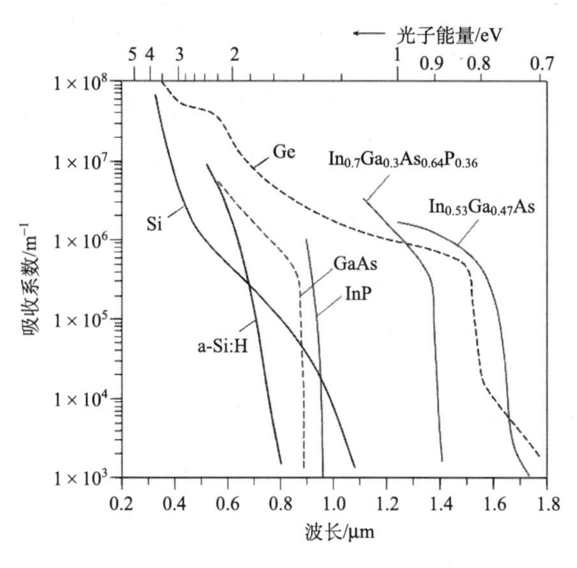

图 3-1　几种半导体吸收系数与波长关系曲线[2]

设入射到半导体表面的光功率为 P_0，每秒入射的光子数为 $P_0/h\nu$，表面反射率为 r。如图 3-2 所示，根据吸收定律(式(3-2))，在距离表面 x 处的 Δx 深度内，每秒吸收光子数 ΔN 为

$$\Delta N = \alpha \frac{P(x)}{h\nu}\Delta x = \alpha \frac{P_0(1-r)\mathrm{e}^{-\alpha x}}{h\nu}\Delta x \tag{3-3}$$

于是，单位体积内的电子空穴对的产生率($\mathrm{m}^{-3}\cdot\mathrm{s}^{-1}$)为

$$g(x) = \frac{\Delta N}{L_x L_y \Delta x} = \alpha \frac{P_0}{h\nu L_x L_y}(1-r)\mathrm{e}^{-\alpha x} \tag{3-4}$$

因此，沿着 x 方向的电流密度($\mathrm{A/m^2}$)为

$$J = q\int_0^{L_x} g(x)\mathrm{d}x = (1-r)q\frac{P_0}{h\nu L_x L_y}\int_0^{L_x} \alpha \mathrm{e}^{-\alpha x}\mathrm{d}x = (1-r)q\frac{P_0}{h\nu L_x L_y}\left(1-\mathrm{e}^{-\alpha L_x}\right) \tag{3-5}$$

其中，q 为单位电子电荷。可知在光功率为 P_0 的入射光照射下，半导体单位时间产生的电子空穴对为 JL_xL_y/q。在某一波长下单位时间内产生的光生电子数量与入射光子数量之比，可以表达为

$$\eta = \frac{\text{每秒产生的光生电子数量}}{\text{每秒入射的光子数量}} = \frac{JL_xL_y/q}{P_0/h\nu} = (1-r)\left(1-\mathrm{e}^{-\alpha L_x}\right) \tag{3-6}$$

这就是半导体的光电转换的量子效率。可见要有较高的量子效率，就要降低反射率 r，并具有较大的吸收系数 α 和足够的吸收层厚度 L_x。不过，载流子复合等因素导致并非所有产生的光电子都可被光探测器收集到，于是外量子效率(external quantum efficiency, EQE)定义为探测器终端收集到的电子数量与入射光子数之比。由于探测器实际得到的光生电流 I_{ph} 为每秒收集到的电量，而入射光功率 P_0 为每秒到达探测器的辐射能量，因此外量子效率 EQE 可表达为

$$\eta_{\mathrm{E}} = \frac{I_{\mathrm{ph}}/q}{P_0/h\nu} \tag{3-7}$$

所以，提高 EQE 的方法除了增大入射光的吸收、减小表面的反射，还包括减少载流子在电极收集前的复合或束缚损耗。响应度 R 也用来表示光探测器的性能，定义为某波长光功率 P_0 转化为光生电流 I_{ph} 的效率，即

$$R = \frac{I_{\mathrm{ph}}}{P_0} = \eta_{\mathrm{E}}\frac{q}{h\nu} = \eta_{\mathrm{E}}\frac{q\lambda}{hc} \tag{3-8}$$

由于响应度 R 与光的波长 λ 相关，所以 R 也称为光谱响应度，R 随波长 λ 变化的曲线即光谱响应曲线。

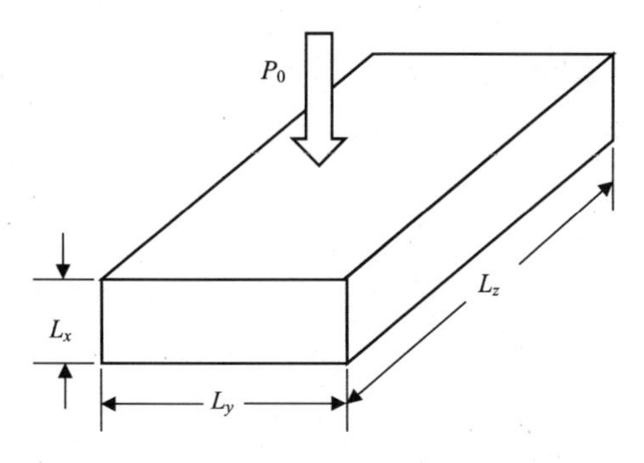

图 3-2　光入射到半导体吸收产生光电子示意图

如果光探测器没有内部增益机制，那么 EQE 总是小于 1 的，而光电导、雪崩二极管、光电晶体管等光探测器的增益最高可达 10^6 以上，可以得到很高的 EQE，不过也要考虑噪声，也就是信噪比(signal to noise ratio, SNR)。噪声等效功率(noise equivalent power, NEP)($W/Hz^{1/2}$)定义为单位信噪比时，每平方根带宽的最小可探测的光功率，表示为

$$\mathrm{NEP}(\lambda)=\frac{\sqrt{\overline{I_{\mathrm{n}}^2}}}{R(\lambda)} \tag{3-9}$$

其中，I_{n} 是噪声电流，主要包括三个部分：低频闪烁噪声($1/f$)、热噪声(I_{th})和散粒噪声(I_{sh})。光探测器最小可测信号用探测率 D^*表示[3]，为

$$D^*=\frac{\sqrt{A}}{\mathrm{NEP}}=\frac{R\sqrt{A}}{\sqrt{\overline{I_{\mathrm{n}}^2}}}\quad\left(\mathrm{cm}\cdot\mathrm{Hz}^{1/2}/\mathrm{W}\right) \tag{3-10}$$

其中，A 为光探测器光敏面的有效面积。探测率 D^*的大小与探测器的材料、结构和工作波长等因素相关，显然 D^*越大，表明其性能越好。

3.2　典型半导体光探测器

半导体光探测器目前已经研发出许多结构，包括光电导、光电二极管、雪崩光电二极管、电荷耦合器件(charge coupled device, CCD)、光电晶体管、肖特基结光探测器等。我们从这些器件结构中列举三种典型结构进行讲解，如图 3-3 所示。

光电导探测器因为其结构简单、成本低、稳定性好等优点已被广泛应用于红外探测，其结构为半导体两端分别连接两个电极。严格意义上的光电导探测器的电极与半导体为欧姆接触，但是由于金属-半导体-金属(metal-semiconductor-metal, MSM)光探测器的结构与光电导探测器比较类似，原理上同时利用光电导增益和肖特基势垒，也就是说主要区别在于金属电极与半导体是欧姆接触还是肖特基接触，所以很多研究者也把两者归为一类[4]。

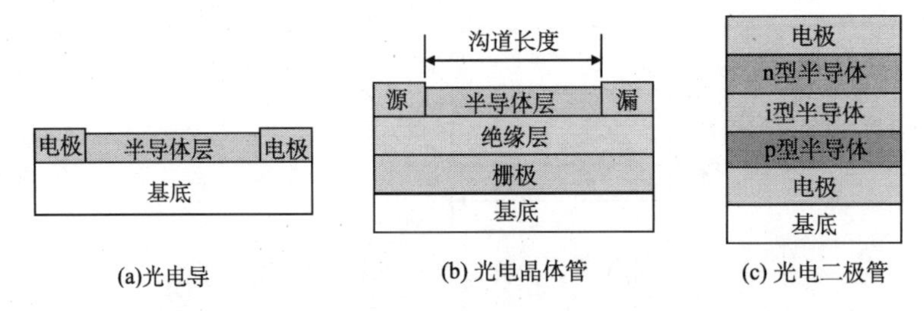

(a)光电导　(b) 光电晶体管　(c) 光电二极管

图 3-3　光电导、光电晶体管、光电二极管典型结构示意图

为了提高有效探测面积继而增加光生电流，光电导探测器往往利用叉指状电极对。例如一种基于在柔性 PEN 基底上制备非晶 Ga_2O_3 作为光敏半导体层的光电导探测器[5]，如图 3-4 所示，电极间距 2μm，光敏面有效面积为 0.15mm^2，器件的下降响应时间为 19.1μs，响应度 R 达 0.19A/W，半导体中较少的缺陷与金属和半导体间较高的肖特基势垒加快了器件的响应速度。

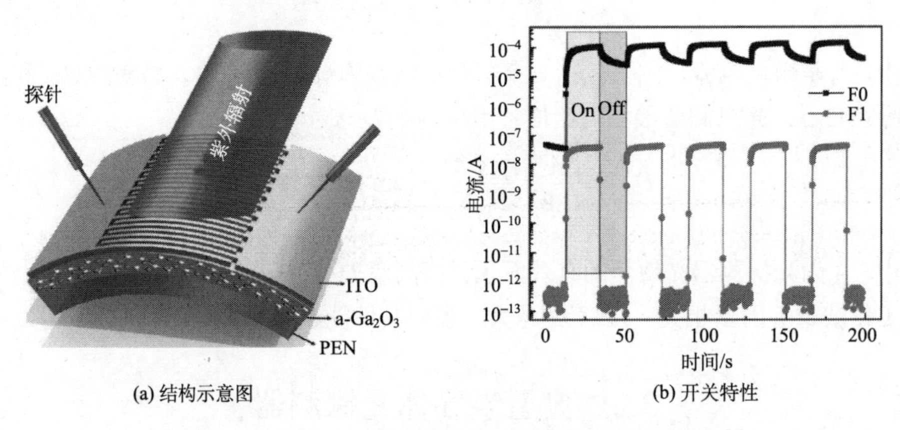

(a) 结构示意图　(b) 开关特性

图 3-4　a-Ga_2O_3 光电导探测器的结构示意图和开关特性[5]

F0 为纯 Ar 环境溅射 a-Ga_2O_3 层，F1 为添加 0.14sccm（标准毫升/分钟）氧气流

光电二极管按照结构可以分为 p-n 结光电二极管、p-i-n 光电二极管或者 p-i-n-i-n 光电二极管等，该结构如果在结周围增加保护环控制漏电流后，可工作在高反向偏压下利用雪崩倍增制备雪崩光电二极管。光电二极管可以由同质结或异质结实现，其工作在反向偏置下，具备较强电场的半导体耗尽区，用以分离光生电子和空穴，载流子在电场作用下漂移通过耗尽区，最终到达电极。为了提高

响应速度，耗尽层的结电容要减小，耗尽层也需要很薄以缩短渡越时间；而为提高量子效率，耗尽层又要足够厚。光电二极管的优势在于空间电荷区的光生载流子的光谱范围较宽，如图 3-5 所示，市场上广泛使用的 Si 基 p-i-n 光电二极管可用波长范围一般为 300～1100nm。光电二极管的增益不超过 1，所以量子效率低于 100%。

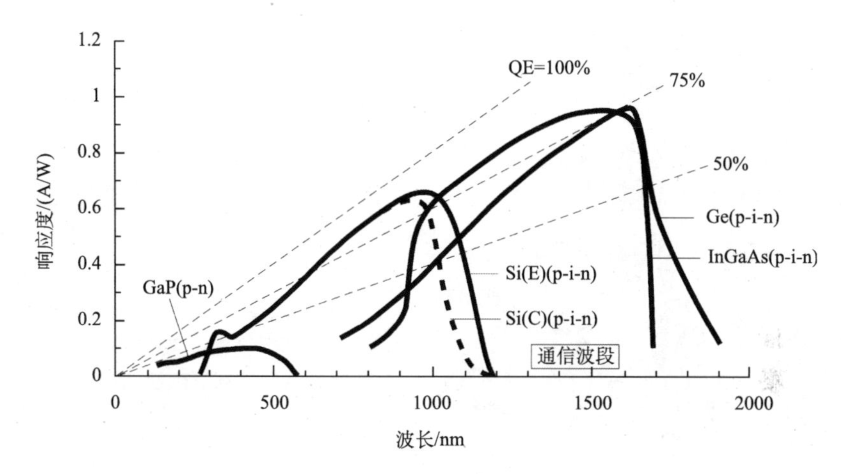

图 3-5　几种典型的光电二极管的光谱响应度[2]

光电晶体管可以有更高的增益，一般可分为两类：双极型光电晶体管（bipolar phototransistor）、场效应光电晶体管（field-effect phototransistor）。本书中主要以场效应光电晶体管为例进行讲解。场效应光电晶体管为三极结构，可以通过栅极电压来对沟道中的载流子浓度进行控制。比如施加一个负偏压，会导致沟道中的异号电荷（空穴）浓度增加，从而增加其电导率，同时调节沟道中的费米能级。因此栅极可以起到开关和放大的作用。

图 3-6 是一种典型的底栅型场效应光电晶体管结构，其沟道使用 ZnS 量子点-碳量子点无机有机复合层，响应度随着波长接近截止波长时急剧下降，直到紫外光能量接近半导体光吸收层的禁带宽度[6]。宽禁带半导体在日盲紫外探测器、火焰弧光探测、环境监测中有重要应用[7,8]。由于宽禁带半导体的载流子迁移率低、缺陷起到复合中心的作用，光生电子和空穴容易积累并复合。往往采用载流子迁移率高、收集能力强的量子点或二维材料形成异质结，从而加速载流子的分离和传输[9,10]。

相比来说，光电二极管可以通过在电极之间施加电场来加强电荷分离和收集两种载流子。光电晶体管通过在栅极绝缘层与半导体界面上聚集电子或空穴形成导电通道，来收集一种载流子，而相反的电荷则被俘获从而提高增益。如图 3-7 所示，双栅极光电晶体管有两个沟道，当两个栅极反向偏置在半导体层上时，这两个沟道可以同时传输电子和空穴[11]。两个导电层分别紧挨着两个栅极绝缘层，其厚度大约为几毫米，之间有充足的空间分离开，形成 n 型和 p 型沟道，产生内建电场，从而将电子和空穴分离开来，原理类似于光电二极管。

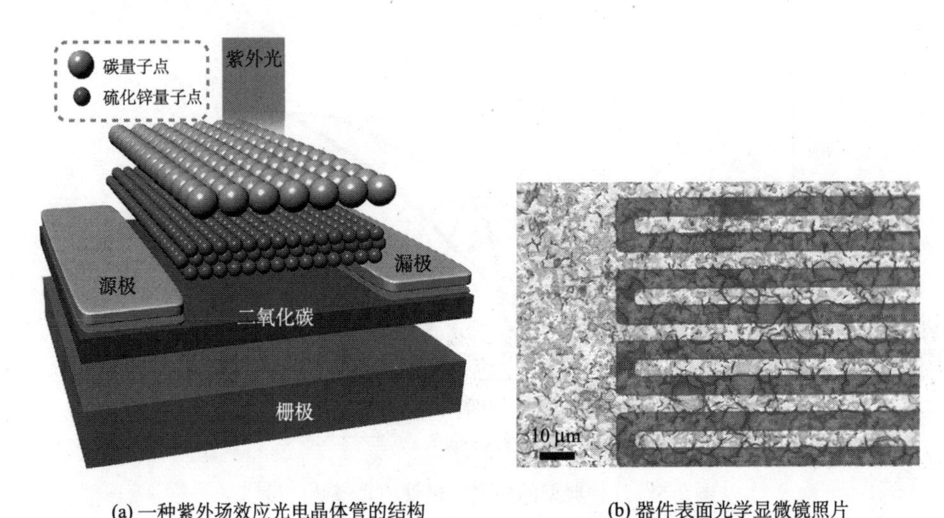

(a) 一种紫外场效应光电晶体管的结构　　(b) 器件表面光学显微镜照片

图 3-6　一种典型的底栅型场效应光电晶体管结构[6]

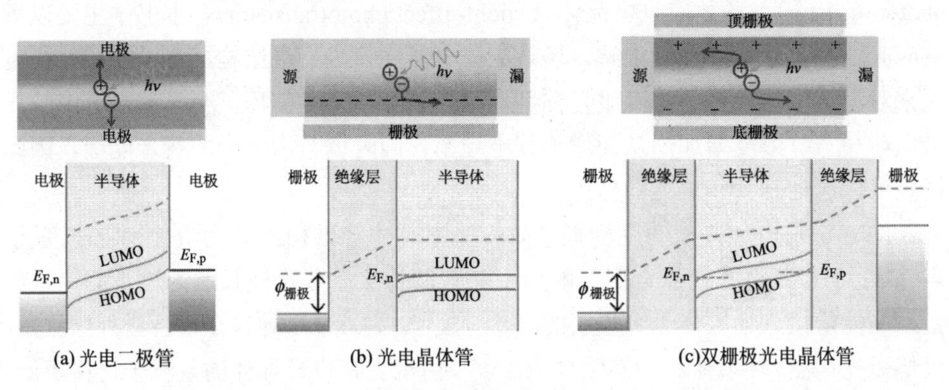

(a) 光电二极管　　(b) 光电晶体管　　(c)双栅极光电晶体管

图 3-7　光电二极管、光电晶体管和双栅极光电晶体管的结构及能带图 [11]

该结构利用具有较高空穴迁移率的半导体层，光电晶体管沟道中的高光电导增益通过空穴传输和电子俘获实现。同时在两个栅极施加相反的电压，可以得到线性的光电响应，外量子效率 EQE 高达 9000%[11]。

3.3　可集成的光波导探测器

光波导探测器是光子集成芯片的核心部分[12,13]，目前主要运用在硅光集成与互联系统中作为接收端[14]，在生态信息监测中有重要应用。当前主流光波导探测器为水平 p-i-n 结构，针对红外通信波段，直接在硅波导上的锗光波导内进行掺杂形成 p-n 结，利用锗中光生载流子转化为电信号。入射光从波导端面输入，光吸收层位于波导层中间，其法线方向与入射光传输方向垂直，如图 3-8 所示[15]。与 3.2 节的典型光电二极管不同，光波导探测器的吸收深度由波导长度决定。光吸收层可以很薄，避免了传统结构中因提高量子效率而增加厚度，最终牺牲响应速度的问题。

这种直接在硅波导上制备的 p-i-n 同质结锗探测器，当波导长度为 50μm，在 1850nm 和 2000nm 的响应度分别可达 20mA/W 和 5mA/W。当采用雪崩光电探测器结构时，响应度达到 0.31A/W[15]。

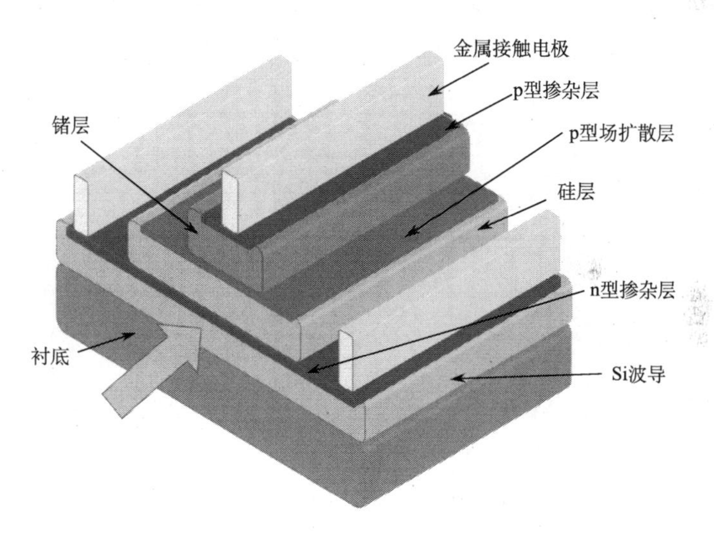

图 3-8　一种集成在硅波导上的雪崩锗光波导探测器结构示意图[15]

基于集成硅波导的异质结光波导探测器也在迅速发展。一些半导体的吸收系数 α 很高，具有较高光电转换效率，但是载流子迁移率较低；而一些典型的二维材料如石墨烯具有极高的载流子迁移率、超高的电导率和热导率。当两者结合形成异质结，可同时提高探测器的带宽和响应度。例如，将 $MoTe_2$ 和石墨烯垂直堆叠在一起制成范德瓦耳斯异质结，与硅基光波导集成在一起(图 3-9)，将光生载流子的传输路径缩短至几纳米，减少了载流子的渡越时间，并降低器件的电容，从而使器件的 3dB 带宽达到 50GHz[16]。

光子集成技术将调制、滤波、复用、解复用、开关等功能集成在芯片中完成，通过光波导解决半导体激光器与探测器之间的耦合。

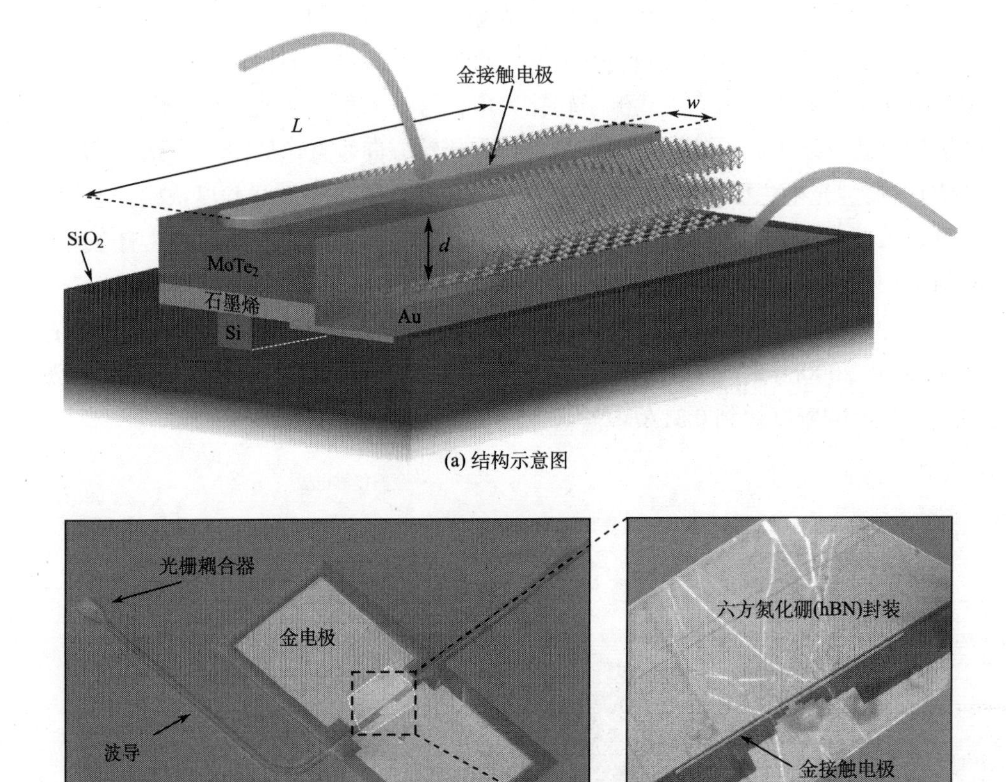

(a) 结构示意图

(b)显微镜照片

图 3-9 $MoTe_2$/石墨烯异质结光波导探测器结构示意图和显微镜照片[16]

3.4 光电倍增管

光电倍增管(photomultiplier tube，PMT)，是一种应用非常广泛的光电探测器件，由于其内部含有的倍增极可以将电子信号放大 10^5～10^9 倍，可以实现对微弱光的探测。自 19 世纪 30 年代问世以来，PMT 的研究取得了非常大的进展，种类也非常繁多，按照入射光的入射方向，PMT 可分为端窗式和侧窗式(分别对应透射式和反射式光电阴极)等；按照不同的光谱响应范围，PMT 可分为紫外光、可见光、近红外响应的不同器件；按照不同的倍增方式，PMT 可分为打拿极型、微通道板型、半导体型和混合型等；按照不同的阳极输出形式，PMT 可分为单阳极和多阳极等；按照不同的聚焦方式，PMT 可分为静电聚焦和近贴聚焦型等；按照不同的外形，PMT 可分为球形、圆柱形和方形等[17]。几种不同种类的 PMT 实物如图 3-10 所示[18,19]。

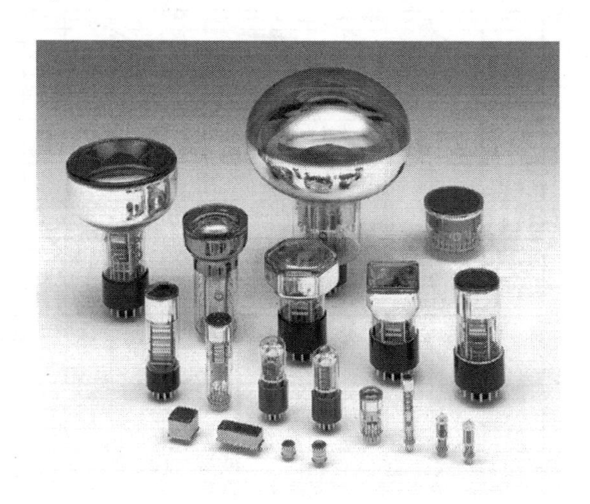

图 3-10　不同种类的 PMT 实物图[18,19]

3.4.1　基本结构

PMT 的结构如图 3-11 所示，可以看出，PMT 主要由入射窗、光电阴极、电子倍增部(倍增极)、阳极、光学系统等组件构成。其工作过程为：入射光由左端的入射窗入射后被光电阴极吸收，通过外光电效应，光信号转换为电信号，电子经过电子倍增部(倍增极)倍增，被阳极吸收后，输出电信号。

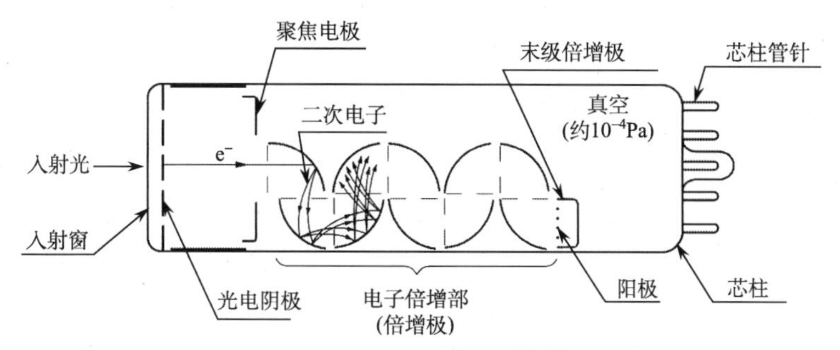

图 3-11　PMT 结构图[18,19]

常见的几种入射窗材料如硼硅玻璃、UV 玻璃(透紫玻璃)、合成石英、蓝宝石和 MgF_2 晶体的透过率如图 3-12 所示，可以看出硼硅玻璃、UV 玻璃(透紫玻璃)、合成石英、蓝宝石和 MgF_2 晶体的短波阈值从大到小，依次为 300nm、185nm、160nm、150nm 和 115nm 左右[18,19]，因此在不同的使用场合应根据材料透过率和其他性能合理选择入射窗材料。

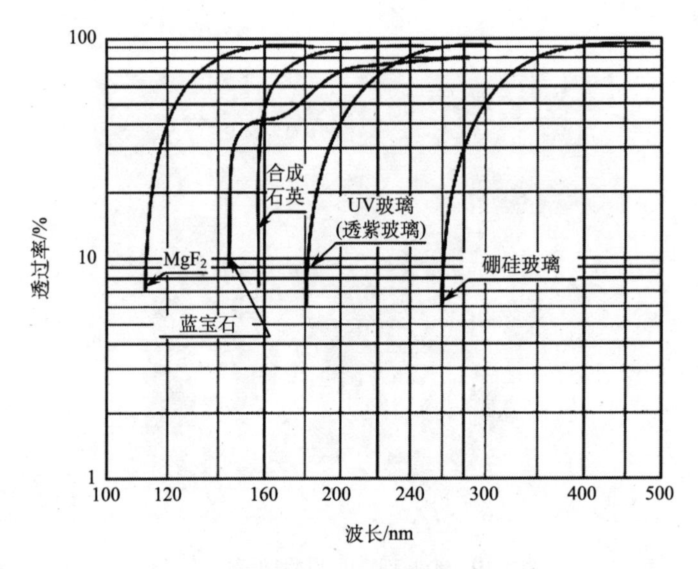

图 3-12　常见入射窗材料透过率[18,19]

光电阴极是一种半导体材料，根据 Spicer 提出的“三步模型”理论[20]，光电阴极的光电发射可分三步：光电阴极吸收光子，价带中的电子吸收光子后跃迁至导带；电子扩散至阴极表面；表面电子越过势垒逸出到真空中。由于表面逸出概率和电子扩散长度等参数的不同，阴极的量子效率各有不同，因此 PMT 的量子效率和光谱响应也有大有小。光电阴极的光入射方向和电子出射方向在一侧的为反射式光电阴极，对应侧窗型 PMT；光电阴极的光入射方向和电子出射方向在不同侧的为透射式光电阴极，对应端窗型 PMT。

早期的光电阴极研究主要围绕金属进行，直到 1929 年 Koller 发现 Ag-O-Cs 光电阴极后，相继发现了多种传统半导体光电阴极，如 Cs_3Sb、Na_2KSb、Bi-Ag-O-Cs、CsI 和 Cs_2Te 等光电阴极[21-26]。上述的半导体光电阴极均为正电子亲和势(PEA)光电阴极。直到 1965 年，Scheer 和 van Laar 在超高真空系统中对重掺杂 p 型 GaAs(110)表面进行 Cs 处理后获得了宽光谱、高积分灵敏度(500μA/lm)的新型光电阴极，认为 Cs 化后的 GaAs 表面的有效亲和势为负值，故称之为负电子亲和势(NEA)光电阴极[27]。后经过材料外延技术和表面激活技术的发展，现有的Ⅲ-Ⅴ族半导体光电阴极如 GaN、GaAlN、GaAlAs、InGaAs、GaAsP 都可获得 NEA 的表面，且具有较高的量子效率。几种典型的光电阴极的光谱响应曲线如图 3-13 所示。

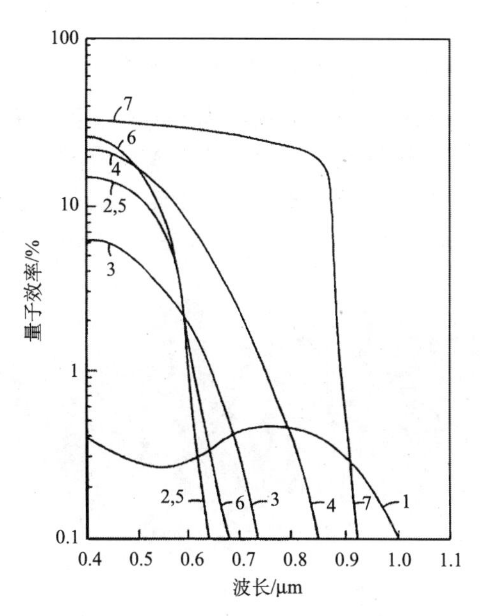

图 3-13　几种典型的反射式光电阴极的量子效率曲线[28]

1. Ag-O-Cs；2. Cs_3Sb；3. Bi-Ag-O-Cs；4. Na_2KSb[Cs]；5. Na_2KSb；6. K_2CsSb；7. GaAs[Cs-O]

多个二次电子发射系统的级联，使得 PMT 具有高的电流放大倍数和高的信噪比。电子倍增部(倍增极)主要包括 8～19 极的倍增电极。现在使用的光电倍增管的电子倍增系统主要有环形聚焦型、盒栅型、直线聚焦型、百叶窗型、细网型、微通道板型等。

3.4.2　光电倍增管的应用

PMT 具有高灵敏度、高响应速度的优点，在生物技术、医疗仪器、环境监测、高能物理实验、粒子探测和工业检测等众多领域都有广泛的应用，下面以环境监测和粒子探测为例进行简要介绍。

1. 环境监测

大气中的氮氧化物主要来自化石燃料的燃烧、汽车尾气排放等，是形成酸雨的重要原因。酸雨对环境的破坏极为严重，对农业和生活用水都造成重大危害。监测大气中的氮氧化物含量的工具是氮氧化物检测仪，其主要工作原理是气样中的一氧化氮与臭氧发生化学反应，产生的光信号被 PMT 探测到，光信号转换成电信号，该电信号的强度与一氧化氮浓度成正相关，因此可标定得到一氧化氮浓度的测量结果。

空气中的尘埃粒子是影响空气质量的重要因素，也是雾霾的重要来源，实时监测空气中的尘埃粒子含量是环境监测的重要部分。目前市场上用的尘埃粒子计数器如图 3-14 所示。其工作原理为空气中的尘埃粒子在光照下产生散射，散射光的强度与尘埃粒子的大小、表面积等因素有关系。微粒产生的微弱散射光信号经过 PMT 转换为较大的电信号，即可获得微粒大小与数量的分布关系。

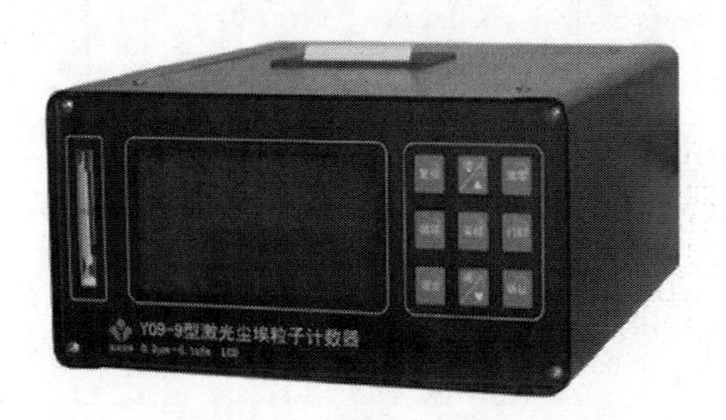

图 3-14　尘埃粒子计数器

2. 粒子探测

PMT 在质子衰变实验和中微子观测实验中都有重要应用，其原理均为实验过程中使用 PMT 捕捉粒子发出的微弱光信号转变为电信号并进行放大。深圳市大亚湾核电站内用于检测中微子的探测器中的 PMT 阵列如图 3-15 所示。实验站中

图 3-15　中国大亚湾中微子实验中心探测器的光电倍增管阵列

放置了 8 个中微子探测器，每个探测器的内壁均装有 196 个 20.3cm 的 PMT，用来探测中微子在液体闪烁体中发出的闪烁光。在 2011～2012 年间，科研人员使用 6 个中微子探测器，通过对实验数据的获取、修正和数据分析，首次发现了一种新的中微子振荡模式。中国科学家王贻芳作为大亚湾中微子项目的首席科学家获得“基础物理学突破奖”，这也是中国科学家首次获得该奖项。

3.4.3　国内外研究现状

2018 年，全球真空型 PMT 的总销售量约 80 万只，总销售额约 17 亿元，主要集中在医疗仪器、高能物理、分析仪器、PET 等四大领域，约占总销售额的 76%。

截至 2020 年，国内打拿极型 PMT 的研制及生产厂家有：中国电子科技集团公司第五十五研究所、北京滨松光子技术股份有限公司、北方夜视技术股份有限公司、海南展创光电技术有限公司、中核控制系统工程有限公司、南京华东电子集团有限公司和北京高新贝森光电子技术公司，其研究及生产情况如表 3-2 所示。据调研，我国每年需采购大量 PMT，但绝大部分依赖国外公司供应，原因在于国内 PMT 产业起步晚、发展慢、总体技术含量不高。

表 3-2　国内主要的打拿极型 PMT 研究及生产机构

序号	研制及生产厂家	产品	产品特点	成果应用情况
1	北京滨松光子技术股份有限公司	传统打拿极型 PMT	产品种类齐全，批量生产	应用于医疗、分析领域、物理实验等
2	北方夜视技术股份有限公司	微通道板型 PMT	产品种类齐全，批量生产	主要应用于物理实验、医疗仪器、分析仪器等
3	海南展创光电技术有限公司	端窗型打拿极型 PMT	产品种类较为齐全，部分产品已批量生产	主要应用于物理实验领域
4	中核控制系统工程有限公司	多种系列常温、高温 PMT	小批量生产	应用于表面污染检测仪器、油田检测仪器等
5	中国电子科技集团公司第五十五研究所	小型微通道板型 PMT	研制和小批量生产	军事领域
6	北京高新贝森光电子技术公司	特殊功能的 PMT	小批量生产	特殊领域

国外 PMT 研制和生产厂商有日本滨松、英国 ET、英国 PHOTEK、美国 BURLE、美国阿贡国家实验室、法国 PHOTONIS、俄罗斯 BINP、俄罗斯 MELZ、爱尔兰 SENSL 等公司，其中法国 PHOTONIS 在 2012 年将其传统打拿极型 PMT 技术转移到海南展创，主要研究及生产情况如表 3-3 所示。

表 3-3　国外主要的 PMT 研究及生产机构

序号	研制及生产厂家	产品	产品特点	成果应用情况
1	日本滨松	各种系列 PMT	产品种类齐全、质量稳定，批量生产	医疗分析仪器、高能物理探测等
2	法国 PHOTONIS	微通道板型 PMT	高端 PMT	分析仪器、高能物理探测等
3	英国 ET	多种系列真空型 PMT	产品稳定	分析仪器
4	俄罗斯 MELZ	多种打拿极型 PMT	强流管	核辐射、核爆模拟
5	美国阿贡国家实验室	近贴式方形微通道板型 PMT	高端科研产品	研制样品
6	爱尔兰 SENSL	硅 PMT	批量生产	PET 医疗仪器和物理

其中，最具实力的是日本滨松公司，该公司就 PMT 的业务而言，垄断了全球 90%的生产销售份额，其产品种类齐全、质量稳定。

参 考 文 献

[1] Sze S M, Kwok K N. Physics of Semiconductor Devices[M]. 3rd ed. Hoboken: John Wiley and Sons, 2007.

[2] Kasap S O. Optoelectronics and Photonics: Principles and Practices[M]. 2nd ed. Upper Saddle River, NJ: Pearson Education, 2013.

[3] Fang Y, Armin A, Meredith P, et al. Accurate characterization of next-generation thin-film photodetectors[J]. Nature Photonics, 2018, 13(1): 1-4.

[4] Saran R, Curry R J. Lead sulphide nanocrystal photodetector technologies[J]. Nature Photonics, 2016, 10(2): 81-92.

[5] Cui S, Mei Z, Zhang Y, et al. Room-temperature fabricated amorphous Ga_2O_3 high-response-speed solar-blind photodetector on rigid and flexible substrates[J]. Advanced Optical Materials, 2017, 5(19): 1700454.

[6] Kuang W J, Wang Z P, Liu H, et al. ZnS/carbon quantum dot heterojunction phototransistors for solar-blind ultraviolet detection[J]. IEEE Photonics Technology Letters, 2020, 32(4): 204-207.

[7] Xie C, Lu X T, Tong X W, et al. Recent progress in solar-blind deep-ultraviolet photodetectors based on inorganic ultrawide bandgap semiconductors[J]. Advanced Functional Materials, 2019, 29(9): 1806006.

[8] Zhang Z D, Gao X, Zhong Y N, et al. Selective solar-blind uv monitoring based on organic field-effect transistor nonvolatile memories[J]. Advanced Electronic Materials, 2017, 3(8): 1700052.

[9] Pak S, Cho Y, Hong J, et al. Consecutive junction-induced efficient charge separation mechanisms for high-performance MoS_2/quantum dot phototransistors[J]. ACS Applied Materials & Interfaces, 2018, 10(44): 38264-38271.

[10] Liu X, Kuang W, Ni H, et al. A highly sensitive and fast graphene nanoribbon/$CsPbBr_3$ quantum dot phototransistor with enhanced vertical metal oxide heterostructures[J]. Nanoscale, 2018, 10(21): 10182-10189.

[11] Chow P C Y, Matsuhisa N, Zalar P, et al. Dual-gate organic phototransistor with high-gain and linear photoresponse[J]. Nature Communications, 2018, 9(1): 1-8.

[12] Amann M C. Analysis of a PIN photodiode with integrated waveguide[J]. Electronics Letters, 1987, 23(17): 895-897.

[13] 费永浩，崔积适，朱以胜. 光波导探测器与光模块: CN201610113602.7[P]. 2017-7-28.

[14] Guo J, Li J, Liu C, et al. High-performance silicon-graphene hybrid plasmonic waveguide photodetectors beyond 1. 55μm[J]. Light: Science & Applications, 2020, 9: 29.

[15] Anthony R, Hagan D E, Genuth-Okon D, et al. Extended wavelength responsivity of a germanium photodetector integrated with a silicon waveguide exploiting the indirect transition[J]. IEEE Journal of Selected Topics in Quantum Electronics, 2020, 26(2): 1-7.

[16] Flory N, Ma P, Salamin Y, et al. Waveguide-integrated van der Waals heterostructure photodetector at telecom wavelengths with high speed and high responsivity[J]. Nature Nanotechnology, 2020, 15(2): 118-124.

[17] 陈成杰，徐正卜. 光电倍增管[M]. 北京: 原子能出版社, 1998.

[18] 跨田敏一. 光电倍增管的基础及应用[R]. 滨松, 静冈: 滨松光子学株式会社, 2005.

[19] 光电倍增管的基本原理[EB/OL]. http://share.hamamatsu.com.cn/specialDetail/1066.html. [2020-12-27].

[20] Spicer W E. Photoemission, photoconductive, and absorption studies of alkali antimony compounds[J]. Physical Review, 1958, 112(1): 114-122.

[21] 贾欣志. 负电子亲和势光电阴极及应用[M]. 北京：国防工业出版社, 2013.

[22] Koller L R. Photoelectric emission from thin films of caesium[J]. Physical Review, 1930, 36(11): 1639-1647.

[23] Görlich P. Uber zusammengesetzte, durchsichtige Photokathoden[J]. Zeitschrift Für Physik, 1936, 101(5-6): 335-342.

[24] Sommer A H. New photoemissive cathodes of high sensitivity[J]. Review of Scientific Instruments, 1955, 26(7): 725-726.

[25] Sommer A H. The element of luck in research—photocathodes 1930 to 1980[J]. Journal of Vacuum Science and Technology A, 1983, 1(2): 119-124.

[26] Distefano T H, Spicer W E. Photoemission from CsI: Experiment[J]. Physical Review B, 1973, 7(4): 1554-1563.

[27] Scheer J J, van Laar J. GaAs-Cs: A new type of photoemitter[J]. Solid State Communications, 1965, 3(8): 189-193.

[28] Sommer A H. Brief history of photoemissive materials[C]. Proceedings of Photodetectors and Power Meters, 1993.

第 4 章　分子生态学表面等离子激元共振技术

4.1　绪　　论

分子生态学光学，是由光学与生命科学交叉渗透所形成的一门新兴学科，是生态光子学的重要组成部分。学科主要以光学原理为基础，结合纳米科学、信息科学和免疫生物科学等技术，研究光与生物物质的相互作用以及光和生命系统的关系，为生物学和医药学领域存在的问题提供可行的光学解决方案。其中，光学生物传感器在当今分子生态学的检测中扮演着重要角色，它能将各种待测的生命现象、状态、性质、成分以及物质相互作用等生物信号转换成易于测量和分析的物理量，是构成医疗诊断和分析仪器的关键部件。因此，国际上十分重视对光子生态学传感技术的研究和发展。

本章以光学表面等离子体激元(surface plasmon polaritons, SPPs)技术为重点，前半部分系统地讲解了 SPPs 的物理现象和理论基础，后半部分讨论了常见 SPPs 生物传感器应用。

4.2　表面等离子体激元基本知识

4.2.1　金属德鲁德(Drude)模型

表面等离子体激元(SPPs)是指电磁波与自由电子相互作用形成的振荡模式[1]。众所周知，金属中存在大量可移动的自由电子，在外界电磁场的激励下，自由电子在金属中的分布发生改变，从而偏移它们原来的平衡位置。在自由电子的偏移过程中，它们的运动方向和速度各不相同。为了简化自由电子模型，人们通常忽略电子与电子、电子与离子之间的相互作用，并且假设电子只受到均匀外电场的作用，即采用德鲁德(Drude)模型来描述自由电子的运动学特性[2]，如图 4-1 所示。

根据麦克斯韦方程相位匹配条件，电磁波与金属自由电子相互作用引起的介电常数 $\varepsilon_{\mathrm{m}}(\omega)$ 可表示为[2]

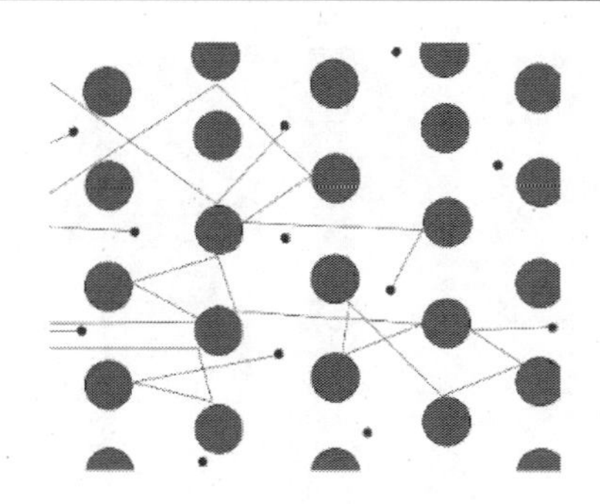

图 4-1　德鲁德模型示意图

大圆表示静止的晶体离子，小圆点表示自由电子，细线表示自由电子的随机运动轨迹

$$\varepsilon_{\mathrm{m}}(\omega)=1-\frac{\omega_{\mathrm{p}}^{2}}{\omega(\omega+\mathrm{i}\gamma)} \tag{4-1}$$

其中，ω、γ 和 i 分别为入射电磁波的角频率、电子弛豫(碰撞)频率和虚数单位；ω_{p} 表示金属等离子体频率，其由金属材料的性质决定[2]

$$\omega_{\mathrm{p}}=\sqrt{\frac{Me^{2}}{m_{\mathrm{eff}}\varepsilon_{0}}} \tag{4-2}$$

其中，M 是自由电子浓度；m_{eff} 代表电子的有效质量；e 为电子基本单位电荷；ε_0 是真空介电常数。

当入射电磁波的频率 ω 小于金属等离子体频率 ω_{p} 时，电磁波的能量小于电荷载体(自由电子和空穴)的逸出功，金属将对电磁场产生屏蔽作用，致使电磁波被金属表面完全反射而无法进入材料内部。相反，当入射电磁波频率 ω 大于金属等离子体频率 ω_{p} 时，入射电磁波将转化为等离子体波(电子密度波)在金属内部进行传播并衰减耗散。

4.2.2　表面等离子体的色散关系

本节将具体讨论 SPPs 的色散关系。首先，考虑一个半无限介质-金属平面结构，如图 4-2 所示，介质与金属的分界面位于 $z=0$ 处，$z>0$ 的区域是介电常数为 ε_{d} 的各向同性电介质，$z<0$ 的区域是介电常数为 ε_{m} 的金属。

假设 SPPs 波沿着介质-金属的分界面传播，β 为沿 x 方向的传播波矢，则 $\frac{\partial}{\partial x}=\mathrm{i}\beta$，同时，设定 SPPs 波在 y 方向无空间变化，则 $\frac{\partial}{\partial y}=0$。根据麦克斯韦方程，得到

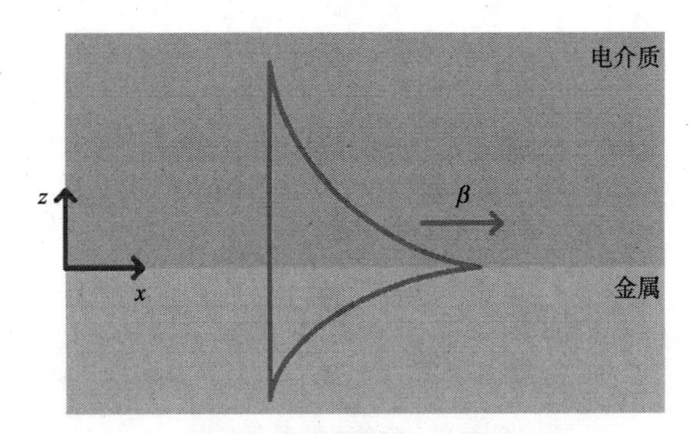

图 4-2　半无限介质-金属平面结构示意图

$$\begin{cases}\dfrac{\partial E_y}{\partial z}=-\mathrm{i}\omega\mu_0 H_x \\ \dfrac{\partial E_x}{\partial z}-\mathrm{i}\beta E_z=\mathrm{i}\omega\mu_0 H_y \\ \mathrm{i}\beta E_y=\mathrm{i}\omega\mu_0 H_z \\ \dfrac{\partial H_y}{\partial z}=\mathrm{i}\omega\varepsilon_0\varepsilon E_x \\ \dfrac{\partial H_x}{\partial z}-\mathrm{i}\beta H_z=-\mathrm{i}\omega\varepsilon_0\varepsilon E_y \\ \mathrm{i}\beta H_y=-\mathrm{i}\omega\varepsilon_0\varepsilon E_z\end{cases} \tag{4-3}$$

其中，ε_0和μ_0分别表示真空的介电常数和磁导率。可以看出，表达式(4-3)包括两组独立的部分：①横向磁场 TM 模式，其中场分量E_x, E_z和H_y不等于零；②横向电场 TE 模式，其中场分量H_x, H_z和E_y不为零。

对于 TM 模式，公式(4-3)可以简化为

$$\begin{cases}\dfrac{\partial E_x}{\partial z}-\mathrm{i}\beta E_z=\mathrm{i}\omega\mu_0 H_y \\ E_x=-\dfrac{\mathrm{i}}{\omega\varepsilon_0\varepsilon}\dfrac{\partial H_y}{\partial z} \\ E_z=-\dfrac{\beta}{\omega\varepsilon_0\varepsilon}H_y\end{cases} \tag{4-4}$$

当$z<0$，场分量可写成如下形式：

$$\begin{cases} H_y(z) = A_1 e^{i\beta x} e^{k_1 z} \\ E_x(z) = -\dfrac{iA_1 k_1}{\omega \varepsilon_0 \varepsilon_m} e^{i\beta x} e^{k_1 z} \\ E_z(z) = -\dfrac{A_1 \beta}{\omega \varepsilon_0 \varepsilon_m} e^{i\beta x} e^{k_1 z} \end{cases} \tag{4-5}$$

当 $z>0$，场分量可写成如下形式：

$$\begin{cases} H_y(z) = A_2 e^{i\beta x} e^{-k_2 z} \\ E_x(z) = \dfrac{iA_2 k_2}{\omega \varepsilon_0 \varepsilon_d} e^{i\beta x} e^{-k_2 z} \\ E_z(z) = -\dfrac{A_2 \beta}{\omega \varepsilon_0 \varepsilon_d} e^{i\beta x} e^{-k_2 z} \end{cases} \tag{4-6}$$

其中：

$$k_1^2 = \beta^2 - k_0^2 \varepsilon_m, \quad k_2^2 = \beta^2 - k_0^2 \varepsilon_d \tag{4-7}$$

根据边界条件，在 $z=0$ 分界面处，电场和磁场切向分量连续，可知

$$\begin{cases} A_1 = A_2 \\ k_1 \varepsilon_d = -k_2 \varepsilon_m \end{cases} \tag{4-8}$$

由于 SPPs 波分布于介质-金属分界面处，并且沿表面垂直方向呈指数衰减，因此，可知 $\mathrm{Re}[k_1]>0$ 且 $\mathrm{Re}[k_2]>0$。然而，对于大多数电介质和金属材料，它们的介电常数在可见光和红外光波段分别满足 $\mathrm{Re}[\varepsilon_d]>0$ 和 $\mathrm{Re}[\varepsilon_m]<0$ [2]。很显然，TM 模式的场解满足 SPPs 波的传播特性。联合式(4-7)和式(4-8)，得到

$$\beta = k_0 \sqrt{\frac{\varepsilon_d \varepsilon_m}{\varepsilon_d + \varepsilon_m}} \tag{4-9}$$

式(4-9)就是 SPPs 的色散关系，其中 k_0 表示自由空间波数。由式(4-9)可见，SPPs 波的传播特性与金属材料的选择以及金属表面的介质环境密切相关。

同样地，对于 TE 模式，可以得到

$$k_1 = -k_2 \tag{4-10}$$

很明显，式(4-10)在物理意义上不成立，因此，当入射电磁波为 TE 模式时，SPPs 模式不能被激发。

根据式(4-1)和式(4-9)，得到 SPPs 的色散关系，如图 4-3 所示，虚线表示 SPPs 的色散曲线，实线表示真空中光波色散曲线。由图 4-3 可见，SPPs 色散曲线总是位于真空中光波色散曲线的右边，即 $\beta > k_0$，这意味着电磁波矢量与 SPPs 矢量失配，因此，在平滑的金属分界面上，电磁波和 SPPs 波无法发生耦合。从理论上

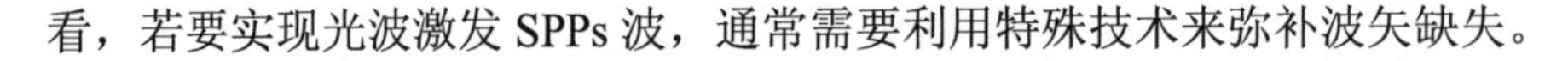
看，若要实现光波激发 SPPs 波，通常需要利用特殊技术来弥补波矢缺失。

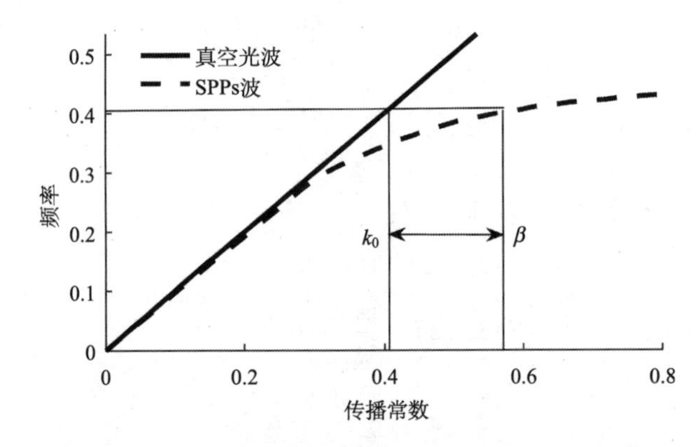

图 4-3　介质-金属分界面处的典型 SPPs 色散曲线示意图

4.2.3　表面等离子波的激发方式

光波与 SPPs 波之间的波矢失配通常可以通过全反射、散射、衍射等方式来弥补。典型的 SPPs 激发方式包括棱镜耦合、光栅耦合和波导耦合[3]。

1. 棱镜耦合

棱镜耦合主要包括 Kretschmann 结构和 Otto 结构，如图 4-4 所示。对于 Kretschmann 结构，一般是在棱镜镜面上直接蒸镀金属薄膜，当光波入射至棱镜与金属分界面且发生全反射时，由此激发的隐失波在特定共振条件下将弥补入射光波与 SPPs 波之间的波矢失配，从而在金属表面激发出 SPPs 波。而 Otto 结构通常在棱镜和金属之间引入几十到几百纳米厚的狭缝，然而，该结构使用不方便，

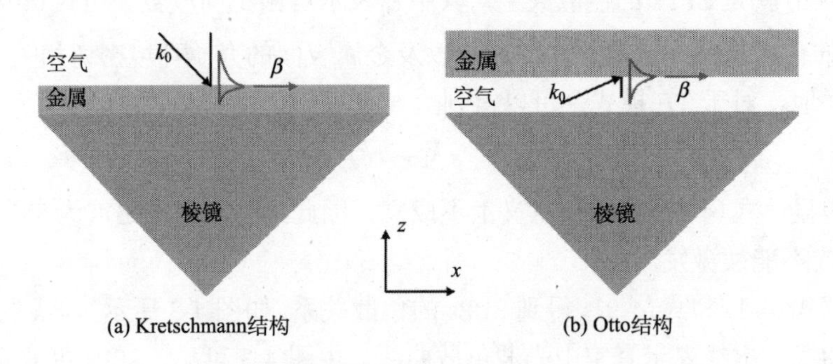

(a) Kretschmann结构　　(b) Otto结构

图 4-4　棱镜耦合激发 SPPs 结构示意图

并未得到广泛应用。为了形象地描述棱镜耦合激发 SPPs 波，我们借助时域有限差分(finite-difference time-domain, FDTD)算法对 Kretschmann 结构进行数值模拟，模拟结果如图 4-5 所示。

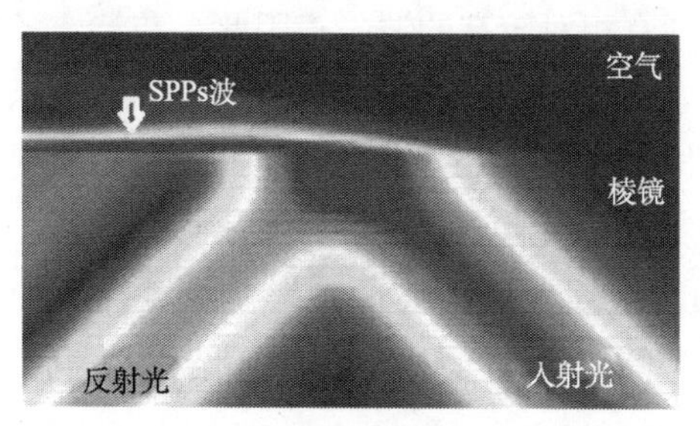

图 4-5　Kretschmann 结构耦合激发 SPPs 电场分布示意图

2. 光栅耦合

利用光栅衍射产生的多级衍射波叠加实现波矢匹配。理论上说，光栅结构和材料参数可任意设计，并且在光栅结构的研究中还能借助光子能带理论，利用能带特性实现对 SPPs 波的主动操控。如图 4-6 所示，当入射光以入射角 θ 照射到周期为 T 的一维光栅结构上时，多级散射光波矢在金属表面方向上发生叠加，因此，沿表面传播的 SPPs 波矢可以写作

$$\beta = k_0 \sin\theta \pm \frac{2m\pi}{T} \tag{4-11}$$

其中，m 是整数，当 $2m\pi / T$ 等于波矢失配时，入射光与 SPPs 波发生耦合。另外，值得注意的是，在满足特定条件的情况下，SPPs 波也能够通过光栅结构耦合成在自由空间传播的光波。

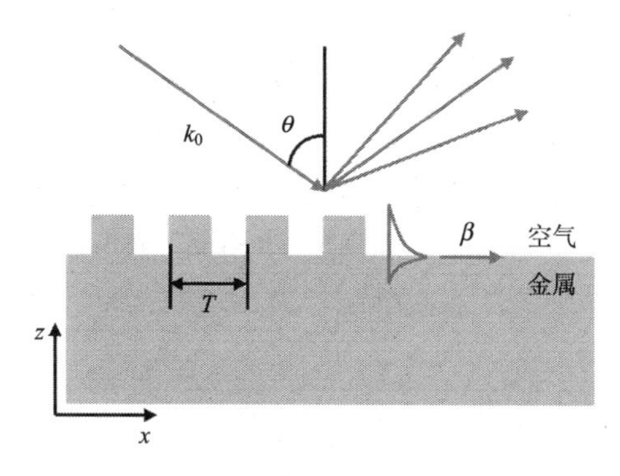

图 4-6　一维光栅耦合激发 SPPs 结构示意图

3. 波导耦合

根据光波导理论，波导两侧存在一定的隐失波，相比波导-金属分界面上 SPPs 波而言，波导隐失波拥有相对较高的波矢，因此，在特定条件下，可以弥补其与 SPPs 波的波矢失配，从而能够激发 SPPs。如图 4-7(a)所示，在波导的某个位置镀上金属薄膜，这样当光波导模式通过波导-金属分界面时，波导两侧的隐失波就能激发 SPPs 波。在实际研究中，人们通常还会采用三维光纤波导，通过在剥去包层的光纤表面镀上金属薄膜，实现光纤模式激发 SPPs 波的耦合结构。如图 4-7(b)所示，是典型的传输式光纤耦合 SPPs 结构。

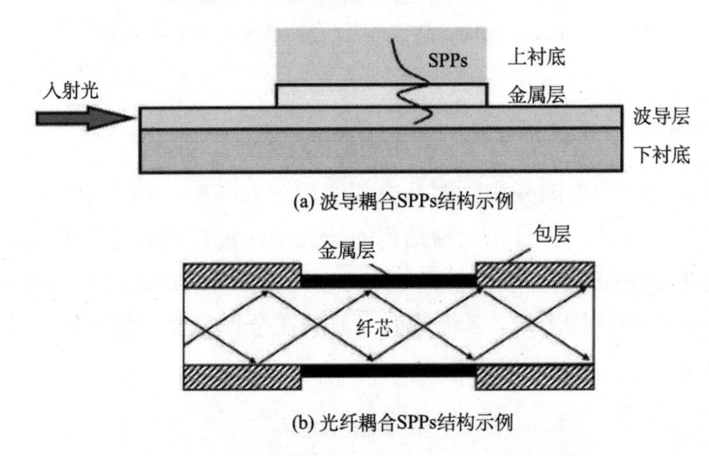

图 4-7　波导耦合和光纤耦合 SPPs 结构示例

4.3　表面等离子体生物传感器的应用

由 4.2 节可知，SPPs 波是一种光与金属表面自由电子相互作用而产生的电荷密度振荡本征模式，在金属表面拥有高度局域和近场增强的光场分布，因此，SPPs 波的传播特性对金属表面局部环境(包括折射率、温度、湿度等)的变化非常敏感，这一优越属性可用于设计高敏感、高精度的 SPPs 生物传感器。近年，生物分子相互作用的传感技术备受关注，在生命科学、制药工程、食品安全、环境监测等领域得到广泛的应用[4]。

分子互作分析对象一般包括同种类和不同种类的生物分子。对于同种生物分子的检测，主要集中在分子浓度测定，由于分子吸附在金属表面的量不同，SPPs 的共振响应强度不同；对于不同种生物分子的检测，则主要集中在分子动力学研究和分子结合位点研究两个方面，因此，人们通常需要在金属表面固定具有特异识别属性的生物配体(比如抗体)，以监测待测溶液中的被分析物(比如抗原)与配体的结合过程。在生物配体与分析物结合或分离过程中，金属表面的局部折射率环境发生变化，因此，这会直接改变 SPPs 的耦合共振条件，引起 SPPs 共振角或共振波长发生变化，随即被测信号能够被 SPPs 生物传感器检测出来。相比传统化学和光学生物传感器，SPPs 生物传感器在检测过程中无须标记物，具备快速响应、高灵敏度、高通量、高集成度以及检测芯片可重复利用等诸多优点。

本小节将围绕棱镜耦合 SPPs、光栅耦合 SPPs 以及波导耦合 SPPs 技术在生物传感方面的工作，介绍相关领域的基础知识、研究现状(包括近年来出现的新器件和新机制)和发展方向。

4.3.1　生物传感器性能评价指标

在介绍 SPPs 生物传感技术之前，首先了解一下生物传感器性能的量化评价指标，下面给出一些常用定义。

(1) 检测灵敏度(S)：对于 SPPs 生物传感器而言，灵敏度通常指折射率灵敏度，即单位折射率变化(δn)所引起的待测信号的改变，其中待测信号一般包括波长(λ)、光强(I)和角度(φ)，即

$$S=\frac{\delta\lambda}{\delta n} \text{ 或 } S=\frac{\delta I}{\delta n} \text{ 或 } S=\frac{\delta\varphi}{\delta n} \tag{4-12}$$

(2) 谐振谱品质因子(Q)：SPPs 共振波长(λ_R)和谐振峰或谐振谷半峰全宽(full width at half maximum, FWHM)的比值，即

$$Q=\frac{\lambda_R}{\text{FWHM}} \tag{4-13}$$

其中，FWHM 表示谐振谱在半高度或半深度的波长、角度跨度。

(3) 检测限(limit of detection, LOD)：传感器能够分辨的被检测量的最小变化。通常，折射率检测限定义为传感信号分辨率(resolution, R_s，通常定义为传感器能够分辨的检测信号的最小改变量)与折射率灵敏度的比值，即

$$\text{LOD}=\frac{R_s}{S} \tag{4-14}$$

(4) 品质因子(figure of merit，FOM)：上述三个评价指标一般属于传感器的硬件性能，因此，不适合直接应用于不同传感器的性能比较。为方便比较，FOM 通常定义为检测灵敏度与谐振谱半峰全宽的比值，即

$$\mathrm{FOM}=\frac{S}{\mathrm{FWHM}} \tag{4-15}$$

4.3.2　棱镜耦合型生物传感器

目前，用于生物检测的 SPPs 光子传感器的研究取得了一定的进展，比较典型和发展相对成熟的主要是基于棱镜耦合结构的 SPPs 传感器。根据调制方式的不同，棱镜耦合 SPPs 传感器一般可以分为角度调制、波长调制和强度调制三种方式。对于角度调制，通常使用单色光作为光源(即固定入射光波长)，通过改变入射角度，测量不同入射角对应的反射光强，当满足 SPPs 共振条件，在某一特定角度(SPPs 谐振角)将会出现 SPPs 共振现象。对于波长调制，光源通常使用宽带光源(可以是白光)，保持光的入射角度不变，对待测样品进行波长扫描，得到不同波长对应的耦合强度，在某一特定波长(SPPs 谐振波长)将会出现 SPPs 共振现象。而对于强度调制，通常使用单色光源，固定入射角度，通过检测反射光强变化来分析被测量的改变。

下面以波长(或角度)调制为例，具体阐述棱镜耦合 SPPs 生物传感器的工作原理。图 4-8(a)所示为典型的棱镜耦合 SPPs 生物传感系统示意图，主要包括棱镜、SPPs 传感芯片和微流控通道。其中，SPPs 检测芯片包括载玻片基底，载玻片表面镀有几十纳米厚的金属薄膜，金属薄膜表面固定有特异性生物配体。微流控一般采用聚二甲基硅氧烷(PDMS)材料，通过模塑法加工制备微流控芯片，其中微流控通道可以利用电子束刻蚀技术获得。在实际应用中，载玻片和棱镜之间还需要添加合适的折射率匹配液，一方面提高传感芯片与棱镜的结合度，另一方面提高入射光与 SPPs 的耦合效率。

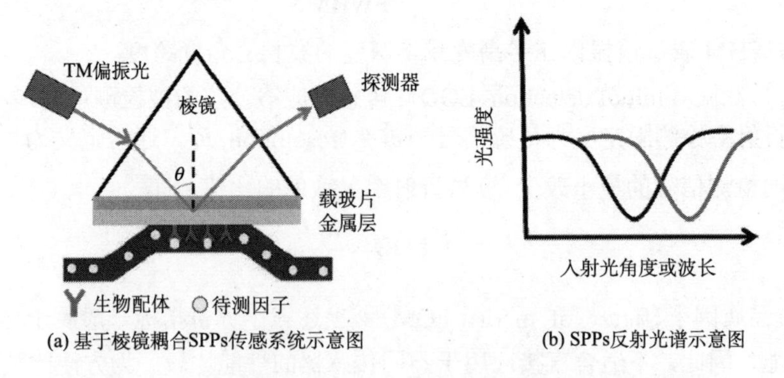

(a) 基于棱镜耦合SPPs传感系统示意图　　(b) SPPs反射光谱示意图

图 4-8　基于棱镜耦合 SPPs 传感系统示意图和反射光谱示意图

将 TM 偏振光波以特定角度(入射角度需要大于全反射临界角)照射到棱镜上，其在棱镜中沿着传感芯片界面方向上的波矢等于 SPPs 波矢时，发生所谓的 SPPs 共振，此时入射光被耦合转化为金属外表面的 SPPs 波，由于金属存在欧姆损耗，光能被大量吸收逐渐衰减，所以 SPPs 共振将导致反射率急剧降低(接近于 0)。当待测生物分子与表面配体发生结合反应时，芯片表面局部等效折射率发生改变，从而引起 SPPs 谐振波长(谐振角度)发生偏移，如图 4-8(b)所示。由于折射率的变化与金属表面吸附生物分子的质量成正比，因此，通过测量谐振波长或谐振角度的变化量就可以定量分析待测生物分子的浓度变化，并经相关处理分析获得分子动力学参数，从而完成对它们与配体相互作用的研究。目前，基于棱镜耦合 SPPs 传感器的相关产业也得到迅速发展，其中最为知名的是 Biacore 生物分子互作分析仪器。

近年来，关于棱镜耦合 SPPs 生物传感器的研究，则主要集中在如何利用新材料、新耦合机制以及新结构来提高 SPPs 传感器的检测性能。下面将选择性地介绍一些比较有新意的代表性工作，遗漏之处在所难免，希望能为广大读者提供一定的启发。

例如，如图 4-9(a)所示，Wu 等提出了在传统 SPPs 传感芯片表面构建多层膜结构，包括能够支持长程 SPPs(long-range SPPs，LRSPPs)模式的对称结构以及传统三明治波导结构，通过合理设计各膜层的特征参数，实现 LRSPPs 模式与波导模式的强烈耦合，形成一种全新的 LRSPPs-波导混合模式，该模式同时具备了较低的传播损耗(有利于提高谐振谱的品质因子)和较深的模场尺径(有利于提高检测灵敏度)。研究结果表明，该传感器检测灵敏度为 3619nm/RIU(refractive index unit，折射率单位)，相比传统的 LRSPPs 和 SPPs 生物传感器，灵敏度分别提高了 1.9 倍和 58 倍[5]。Wang 等提出了一种基于金-银双金属薄膜和石墨烯-二硫化钨(WS_2)的异质结结构，如图 4-9(b)所示，在双金属薄膜层的设计中，采用损耗相对较低的银作为 SPPs 主要激发材料，同时利用化学稳定性较高的金覆盖在银膜表面，既有利于提高检测灵敏度和谐振峰 FWHM 值，又能够改善器件的稳定性。作者同时还在双金属层表面引入有效吸收介质材料石墨烯和 WS_2，利用石墨烯优异的光学、电学和热学性能，进一步实现了检测灵敏度的提高[6]。Pankaj 等将纳米光栅结构引入传统 SPPs 芯片，吸收性纳米光栅增强了表面 SPPs 波的电磁束缚力，为 SPPs 模式色散的调制提供了一种有力的手段。相比传统 Kretschmann 结构，该传感器的谐振谱品质因子至少提高了 4 倍以上[7]。

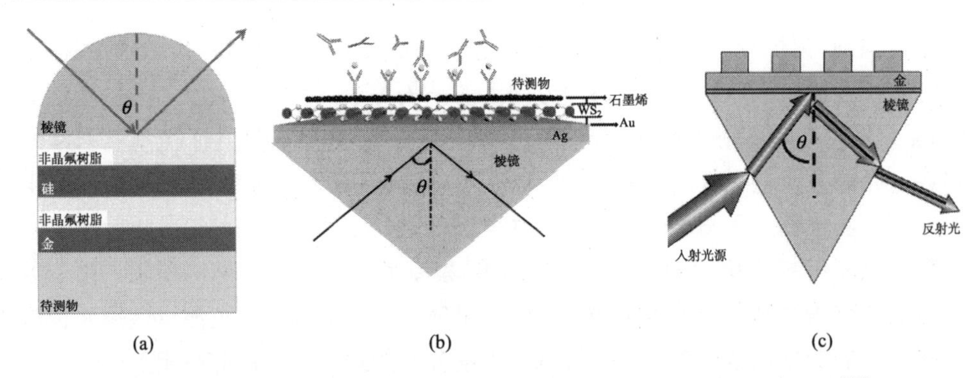

图 4-9 基于新材料、新机制、新结构的棱镜耦合 SPPs 传感器结构示例[5-7]

4.3.3 光栅耦合型生物传感器

虽然棱镜耦合 SPPs 传感器具备高灵敏度和高分辨率，但是它们最大的缺点是体积比较大，不利于 SPPs 传感芯片的集成，为了实现高度集成的生物芯片，人们对亚波长光栅(当光栅周期远小于工作波长时，此类光栅被称为亚波长光栅)耦合 SPPs 进行了大量研究[8]。采用光栅耦合激发 SPPs 波时，SPPs 波的谐振特性对光栅表面介质环境的变化十分敏感。因此，如果将特定生物配体固定在金属光栅表面之上，如图 4-10 所示，人们则可通过追踪共振波长(或角度)的变化来分析待测分子与配体之间的结合分离过程，这就是光栅耦合 SPPs 传感器的工作原理。光栅耦合 SPPs 结构的优点是易于实现片上集成，并且光栅的结构和材料参数可以任意调控，研究自由度很高。同时，人们还可以通过对一维、二维或三维光栅结构进行多维度设计调制，以增强局部光场分布并提高透射效率，这也是提高传感性能的重要因素。

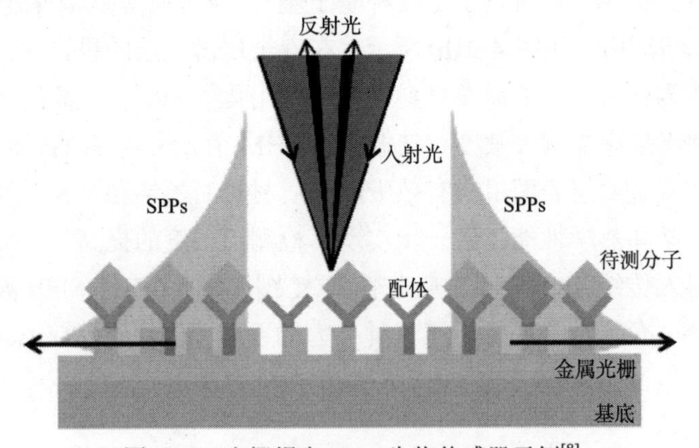

图 4-10 光栅耦合 SPPs 生物传感器示例[8]

本小节仅在图4-11中给出几个典型的三维纳米阵列耦合SPPs传感器的例子，不作全面描述。瑞士洛桑联邦理工学院的H. Altug教授团队对纳米阵列结构进行了深入的理论和实验探索。例如，通过在金膜上制作纳米圆孔阵列，如图4-11(a)所示，将传感器的平面尺寸缩小至微米量级(100μm×100μm)，同时将传感芯片与可调节的微流控细胞模块集成，保证了活体细胞良好的培养条件。利用SPPs异常透射效应对活体细胞(血管内皮生长因子)进行检测，结果表明该类传感器在活体细胞检测方面获得了出色的灵敏度(200pg/mL～1ng/mL)[9]。为进一步增强SPPs与生物分子的相互作用，该团队后续还通过在类似结构的圆孔内嵌入金纳米粒子，如图4-11(b)所示，通过明场成像生成的热图，在大面积孔阵列上以高对比度的尖峰显示出单个亚波长金纳米粒子的位置，为检测单个纳米颗粒标记的分子提供了可能。通过对生物素化的牛血清白蛋白(BSA)和人类C反应蛋白(CRP，一种急性炎症性疾病的临床生物标志物)检测，结果表明该传感器可在2小时内检测到10pg/mL的BSA和27pg/mL的CRP，这比临床上能够检测到的浓度至少低4个数量级[10]。A. Ameen等研究人员开发了一种新型孔阵列SPPs传感器，为早期癌症诊断的生物标志物提供了一种可靠检测方法。通过在阵列结构中引入多层纳米谐振腔，利用谐振腔的强烈耦合作用，实现谐振腔内光场的高度局域分布，增强了表面SPPs波与生物分子之间的相互作用。该传感器已被证明可以可靠地检测到癌症生物标志物癌胚抗原(CEA，是多种癌症的早期检测指标，包括肺癌和前列

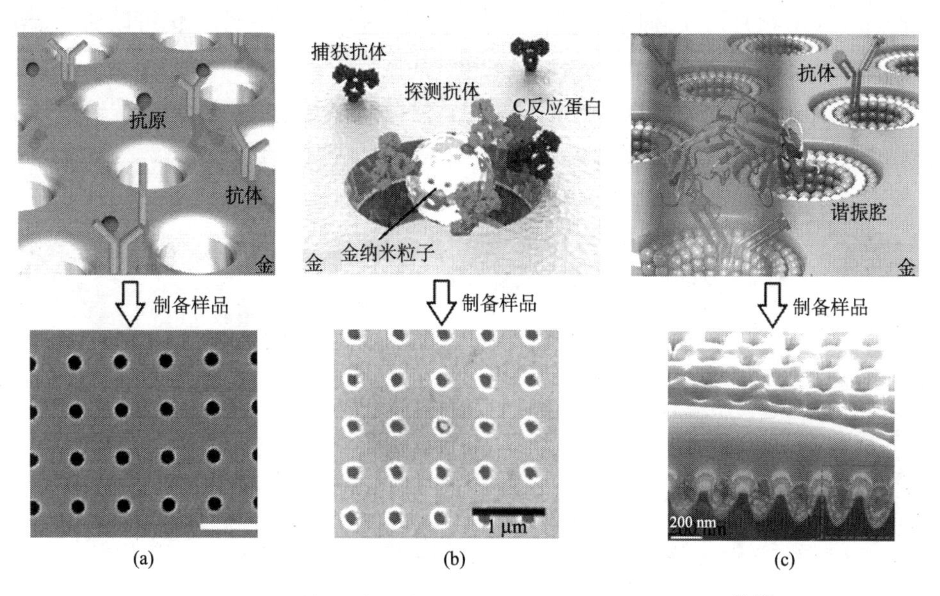

图 4-11　典型的三维纳米阵列耦合SPPs传感器结构示例[9-11]

腺癌)的存在，检测限达到 1ng/mL。大多数人至少携带一定量的 CEA，平均浓度范围为 3～5ng/mL[11]。

4.3.4 波导耦合型生物传感器

光纤传感器具备体积小、抗电磁干扰、耐化学腐蚀等优点，因此，本小节将主要描述以光纤波导为代表的 SPPs 生物传感器。首先，相比二维光波导，光纤能够灵活弯曲，可以实现在生物体内检测。其次，棱镜或光栅耦合 SPPs 结构，通常需要用透镜、棱镜、聚焦光栅等组件来实现自由空间光波的耦合，相比之下，光纤传感器中的光耦合与光探测则变得非常简单，避免了复杂的光输入和输出问题。

光纤 SPPs 传感器的工作原理是当光入射到纤芯中发生全反射时，所产生的隐失波在金属与外界环境的界面处激发 SPPs 波，当两者频率相等时，发生共振并出现共振吸收峰。金属外表面折射率不同，对应的 SPPs 共振波长也不同。因此，对金属表面待测物的检测可以通过跟踪 SPPs 共振吸收峰位来实现。目前，报道颇多的光纤耦合 SPPs 传感器大多基于 D 形(侧边抛磨)光纤、微纳(拉锥)光纤、U 形光纤、单模-多模级联光纤、光子晶体光纤、光纤布拉格光栅等多种结构。图 4-12 所示是几个较为典型的新型光纤耦合 SPPs 传感器。可以通过在光纤传感表面制备微纳阵列结构[12]，从而产生光纤耦合异常透射效应(extraordinary optical transmission，EOT)，类似于光栅耦合 SPPs，如图 4-12(a)所示；也可以通过金纳米粒子的局域 SPPs(localized SPPs，LSPPs)共振效应提高光纤 SPPs 耦合强度[13]，如图 4-12(b)所示；还可以通过光学禁带、缺陷模态等设计新的光纤传输耦合结构如光子晶体光纤[14]，见图 4-12(c)。

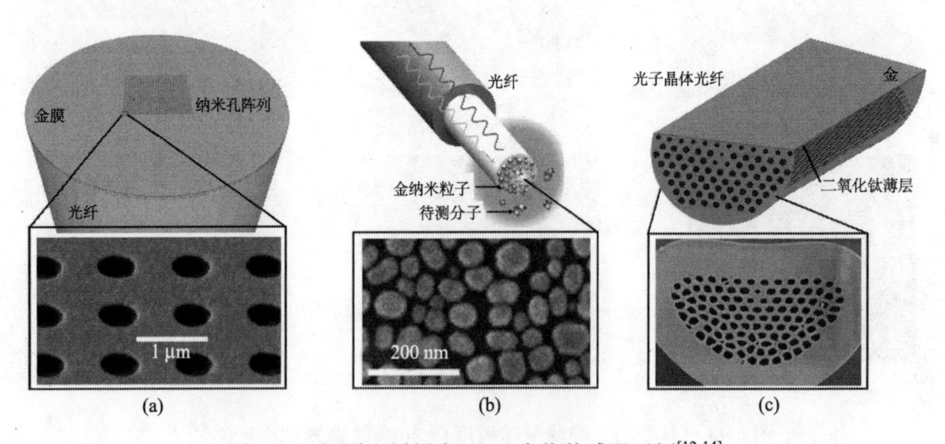

图 4-12　新型光纤耦合 SPPs 生物传感器示例[12-14]

4.4　总结与展望

本章节首先阐述了表面等离子体光学的基本物理现象和知识，包括金属德鲁德模型、表面等离子体色散关系以及表面等离子体常见激发方式。表面等离子体共振模式有着非常丰富且独特的光学性质，它是一种光电混合电磁模式，能量在光波和自由电子振荡波之间传递，既克服了传统的衍射极限(电磁场局域化程度远小于光的衍射极限，即半波长左右)，真正实现了光波的亚波长束缚(纳米量级)，而且又拥有比电子更快的响应速度。这种更快更小的混合模式为制备纳米集成光子器件提供了重要的物理基础。本章节的后半部分介绍了表面等离子体技术典型应用之一——生物传感的相关物理性质和独特应用。虽然不同金属微纳结构的表面等离子体共振条件不同，但是由于表面等离子体模式的电磁场局域和近场增强特性，它们的共振峰都高度依赖于外部环境的变化，因此，表面等离子体共振技术被广泛应用于生物医学领域。

另外，表面等离子体生物检测的领域非常广泛，本章节所能涉及的内容非常有限。譬如，表面等离子体其他激发材料，包括石墨烯、半导体以及超导体等，都显示出了比金属材料更为优越的表面等离子体模式操控特性，结合新型材料与新型微纳结构来改善和突破当前光子器件的性能，也是该领域研究的热点和重要分支，本章节虽未能覆盖，但都非常值得研究。随着人们对表面等离子体光学研究的深入和微纳加工技术的不断进步，表面等离子体光子器件也正朝着新材料、新效应、集成化和智能化方向发展，它们必将在未来信息、食品安全、生态光子等众多领域发挥重要的作用。

参 考 文 献

[1] Barnes W L, Dereux A, Ebbesen T W. Surface plasmon subwavelength optics [J]. Nature, 2003, 424: 824-830.

[2] Ashcroft N W, Mermin N D. Solid State Physics [M]. Fort Worth: Saunders College Publishing, 1976.

[3] Stefan A M. Plasmonics: Fundamentals and Applications [M]. London: Springer, 2007.

[4] Mejía-Salazar J R, Osvaldo N O J. Plasmonic biosensing: Focus review [J]. Chemical Reviews, 2018, 118(20): 10617-10625.

[5] Wu L M, Guo J, Xu H L, et al. Ultrasensitive biosensors based on long-range surface plasmon polariton and dielectric waveguide modes [J]. Photonics Research, 2016, 4(6): 262-266.

[6] Wang M H, Huo Y Y, Jiang S Z, et al. Theoretical design of a surface plasmon resonance sensor

with high sensitivity and high resolution based on graphene-WS_2 hybrid nanostructures and Au-Ag bimetallic film [J]. RSC Advances, 2017, 7: 47177.

[7] Pankaj A, Eliran T, Noa M, et al. Dispersion engineering with plasmonic nano structures for enhanced surface plasmon resonance sensing [J]. Scientific Reports, 2018, 8: 9060.

[8] Brandon H, Alexander S, Lin P, et al. Integration of Faradaic electrochemical impedance spectroscopy into a scalable surface plasmon biosensor for in tandem detection [J]. Optics Express, 2015, 23(23): 30237-30249.

[9] Li X K, Soler M, Özdemir C I, et al. Plasmonic nanohole array biosensor for label-free and real-time analysis of live cell secretion [J]. Lab on a Chip, 2017, (17): 2208-2217.

[10] Belushkin A, Yesilkoy F, Altug H. Nanoparticle-enhanced plasmonic biosensor for digital biomarker detection in a microarray [J]. ACS Nano, 2018, 12(5): 4453-4461.

[11] Ameen A, Hackett L P, Seo S, et al. Plasmonic sensing of oncoproteins without resonance shift using 3D periodic nanocavity in nanocup arrays [J]. Advanced Optical Materials, 2017, 5(11): 1601051.

[12] Zhang Z J, Chen Y Y, Liu H J, et al. On-fiber plasmonic interferometer for multi-parameter sensing [J]. Optics Express, 2015, 23(8): 10732-10740.

[13] Kwak J Y, Lee W Y, Kim J B, et al. Fiber-optic plasmonic probe with nanogap-rich Au nanoislands for on-site surface-enhanced Raman spectroscopy using repeated solid-state dewetting [J]. Journal of Biomedical Optics, 2019, 24(3): 037001.

[14] Rifat A A, Ahmed R, Mahdiraji A G, et al. Highly sensitive d-shaped photonic crystal fiber-based plasmonic biosensor in visible to near-IR [J]. IEEE Sensors Journal, 2017, 17(9): 2776-2783.

第5章　光纤传感技术在生态中的应用

随着科学技术和社会经济的飞速发展，光纤光子学技术作为光学、光子学的重要分支，其应用领域和应用需求持续深入扩大。从光纤通信技术到光纤传感技术，从大型国有通信命脉工程到局部生态环境检测，从单点方式测量到分布式连续实时感知，光纤光子学技术发挥着无法替代的关键作用。近年来，光纤传感技术应用更是深入生态工程领域，形成生态光子传感与环境监测技术分支，在气候研究、生态建设、环境保护、灾难预警等方面发挥重要作用，其测量对象和应用领域涉及地质岩土应力应变监测，土壤地层温度场、水下温度场分布监测、地震波监控及预警等各类生态环境领域。

5.1　分布式光纤传感技术

随着光纤通信技术飞速发展，用作传输信息介质的光纤，被赋予了感知功能，于是分布式光纤传感技术应运而生。将光纤作为传感组件，嵌入(附着、埋入)土壤、液体和地质结构中，通过测量分析光纤中光的特性，可获得光纤沿线各点的温度、应变、振动等状态数据[1,2]。作为分布于生态环境内部的神经系统，光纤感知环境内部的状态，使得生态环境状态信息变得透明，实时可见，这就是分布式光纤传感系统带来的改变，将生态光子学技术概念向工程化实现的可行性推进了一步[3-5]。

众多传感技术中，分布式光纤传感技术作为生态、环境、地质、灾难预警等状态监控领域最具发展前景的应用技术，成为近十年的研究热点领域，从原理到技术持续改进，从工程化应用到行业要求的不断细分，对于分布式光纤传感技术的研究脚步愈发向前。图 5-1 为分布式光纤传感系统原理图，通过光纤传感系统中入射光和反射光的特征量(频率、幅度、相位等)变化信息，经过分析解调，可长时间远程在线监控桩基地下各部位的温度和应力分布，便于了解知晓其状态信息，确保结构的安全运行使用。图 5-2 为分布式光纤传感系统在地质环境桩基状态监测中的应用示意图。

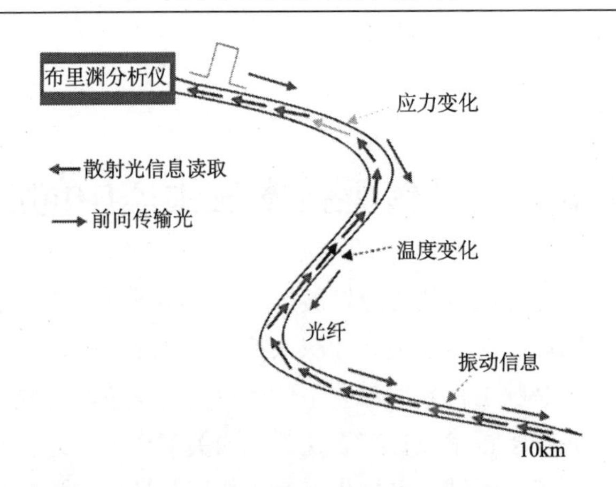

图 5-1　分布式光纤传感系统原理图

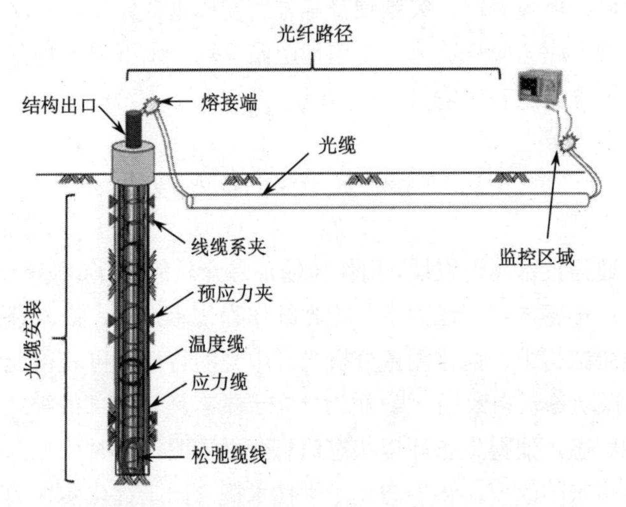

图 5-2　地质桩基采用分布式光纤传感系统应用示意图

分布式光纤传感技术的原理主要是基于散射光谱信号的检测。传感光纤中正向传输脉冲光信号，在光纤沿线中不断产生散射信号，一部分沿光纤反向传回。每一个光脉冲产生的散射光信号频谱中都有三种分量：瑞利分量、布里渊分量和拉曼分量，如图 5-3 所示。当光纤某处局部温度或者应变发生变化时，散射光谱中布里渊分量(斯托克斯/反斯托克斯分量)中心频率将发生改变，散射光谱中拉曼分量(反斯托克斯分量)的强度也会发生改变。将反射光谱信号通过光电转换变成电信号，通过测量布里渊分量(或拉曼分量)的强度(或中心频率)改变量大小，选用对应的算法，并结合光时域反射原理，即可得出光纤沿线具体位置处的应变/温度变化量。

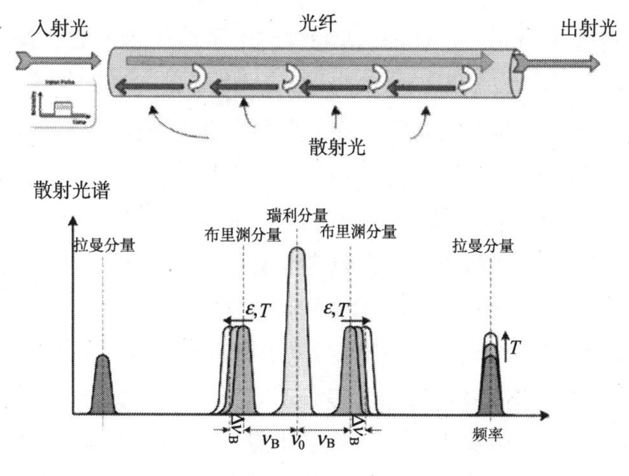

图 5-3　光纤中的三种散射分量光谱示意图

5.1.1　基于布里渊散射的分布式传感监测技术

入射到光纤中的传播光，在其相反方向会有三种反向传播光：瑞利光、布里渊光和拉曼光，如图 5-3 所示。研究证明其中布里渊光频率与相应位置光纤应变/温度变化成比例，前向脉冲光所激发的反向自发布里渊频谱的波动，对应光纤沿线的应变/温度变化，如图 5-4 所示。因此可以通过检测光纤反射谱中布里渊分量的变化，对应变/温度的分布情况进行监控。

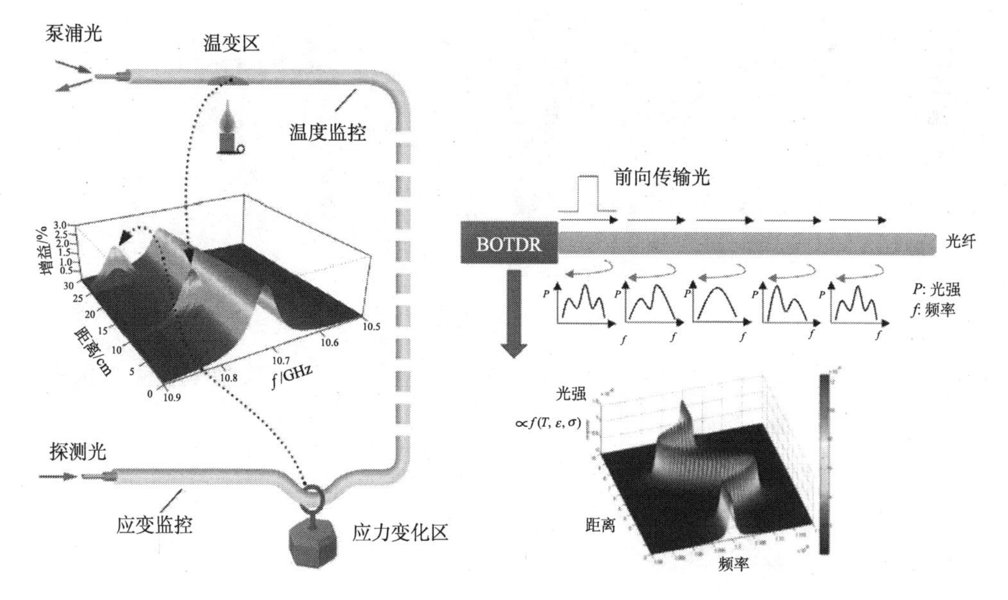

图 5-4　分布式光纤布里渊散射中心频率随应变/温度变化示意图

2018 年，英国 Victoria & Albert 博物馆使用了最先进的布里渊光纤传感系统，用于博物馆地下结构状态信息的永久监测。Ge 将分布式光纤传感系统用于海堤沉降的安全监测之中[6]。南京大学将分布式光纤传感系统用于隧道、边坡、地裂缝等的监测中，并于 2019 年开始将分布式光纤传感应用于地缝探测的研究[7]。除此之外，分布式布里渊光纤传感系统也应用在油井和天然气井的生产和安全监测中，以及桥梁大坝、高速公路路基、高铁轨道监测中，如图 5-5 所示。M. Andrea 等利用分布式布里渊光纤传感系统 BOTDA 对加拿大新不伦瑞克省 30km 长的海水管道进行监测，利用海水与土壤温差确定发生渗漏部位，布置了自动报警装置，根据温度季节性变化设定报警阈值，并提出应该考虑的影响温度的因素，包括季节变化、管道埋置深度、土壤类型、土壤含水量和地形条件等。可见，基于布里渊的分布式光纤传感技术，在建筑结构、环境生态方面的应用越来越广泛。

图 5-5　分布式布里渊光纤传感系统的领域应用现场示意图(边坡塌方、油气井、桥梁大坝、公路高铁)

5.1.2　基于瑞利散射的分布式传感监测技术

瑞利散射属于光弹性散射，它是由英国物理学家瑞利勋爵在 1900 年发现的，又称为“分子散射”。物质发生瑞利散射通常需满足微粒尺度远小于入射光波长[8]，且各个方向上的散射强度都不同，散射强度反比于入射光波长的四次方，因此大气中蓝紫光的散射程度最强，这也就解释了为什么天空呈现一片蔚蓝。同理，海水实际上是无色透明的，但是海水中的水分子发生瑞利散射后，也使得海水呈蓝色，如图 5-6 所示。

图 5-6　由瑞利散射引起的蓝色海洋

光纤中的瑞利散射是光纤内部结构不均匀，进而导致光纤折射率的不均匀所引起的。当光纤中有光波传输时，光纤沿线的任意位置处都会不断地产生瑞利散射光，如图 5-7 所示。这些散射光的功率与引起散射的光波功率成正比，由于光纤内部存在损耗，光纤中传输的光波能量会逐渐衰减，因此光纤不同位置处产生的瑞利散射光的功率也不断衰减，即瑞利散射信号携带了光纤沿线的损耗信息。通过检测瑞利散射光的功率，就可对作用在光纤上的相关参量如应变、弯曲等做出传感监测。

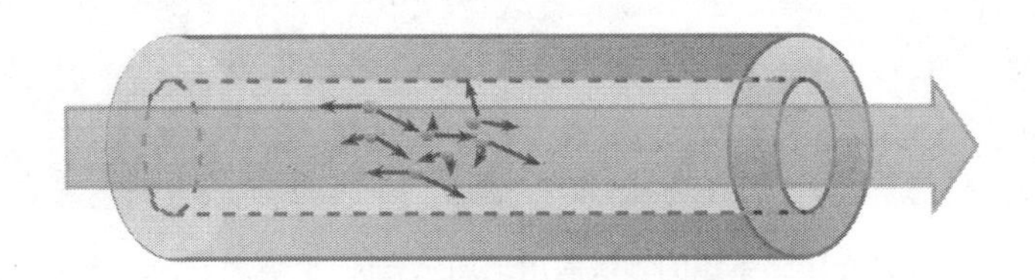

图 5-7 光纤中瑞利散射示意图

目前，基于光波的瑞利散射效应的分布式光纤传感技术的研究和应用有很多，其中最为成熟的技术为光时域反射(optical time domain reflection, OTDR)技术，它可以用来测量光纤沿线的损耗与衰减。在 OTDR 技术基础上，还发展了其他基于瑞利散射效应的分布式光纤传感技术，主要有相位敏感型光时域反射(Φ-OTDR)技术、光频域反射(OFDR)技术、偏振光时域反射(POTDR)技术等。分布式光纤传感技术已在大型基础设施、地质勘探、石油石化等与生态环境息息相关的领域得到了应用。目前，基于瑞利散射的分布式光纤传感技术，在生态环境突发状态的监测领域扮演着越来越重要的角色。

光纤微小的形变就可以改变光纤内部散射间隔和散射系数，引起瑞利散射信号的变化，当光脉冲信号足够窄时，变形段前后的瑞利散射信号变化只与变形段的应变有关，这两个信号的相对相位对应变的响应是线性的，可以用来定量测量光纤沿线的振动事件，这一技术被称为分布式光纤声波传感(distributed acoustic sensing，DAS)技术。DAS 早期主要应用于井中观测，用于垂直地震剖面(vertical seismic profiling, VSP)研究中[9]，然后延伸到微地震监测[10]、地下水水位监测[11]。2012 年，美国劳伦斯伯克利国家实验室在澳大利亚开展了一次地表 DAS 观察实验，记录了大型落锤震源激发的面波信号，提取得到了面波频散曲线[12]，此后 DAS 地表观测引起了天然地震学界的关注。

2017～2018 年，美国加州理工学院和劳伦斯伯克利国家实验室研究组在加州 Goldstone 利用约 20km 的通信光缆进行连续观测，其间记录到了 2018 年洪都拉斯 M7.5 地震的信号，这一成果显示了 DAS 的天然地震记录可以用于岩体结构研究[13]。此外，2017 年 Lindsey 等综合了劳伦斯伯克利国家实验室研究组和斯坦福大学研究组布设的三个 DAS 台阵观测数据，从中得到了各种类型的地震记录[14]，这也展示了 DAS 用于天然地震监测的巨大潜力。

5.1.3　基于拉曼散射的分布式传感监测技术

拉曼散射是由著名的印度物理学家拉曼发现，主要描述光波在介质中发生散射后的频率产生具体变化的现象。当一个脉冲的光波在光纤中发生拉曼散射时，这个脉冲返回的光的强度与发生拉曼散射点的温度有关，可以通过检测这个脉冲光的拉曼散射光强，解调出这个拉曼散射点的具体温度数值。

光纤中拉曼散射是这样定义的：入射光子吸收一个光学声子，成为反斯托克斯拉曼散射光子；放出一个光学声子，成为斯托克斯拉曼散射光子。光子的频率和波长就改变了，这种散射就叫做拉曼散射。图 5-8 是基于拉曼散射的分布式光纤温度监测原理示意图。

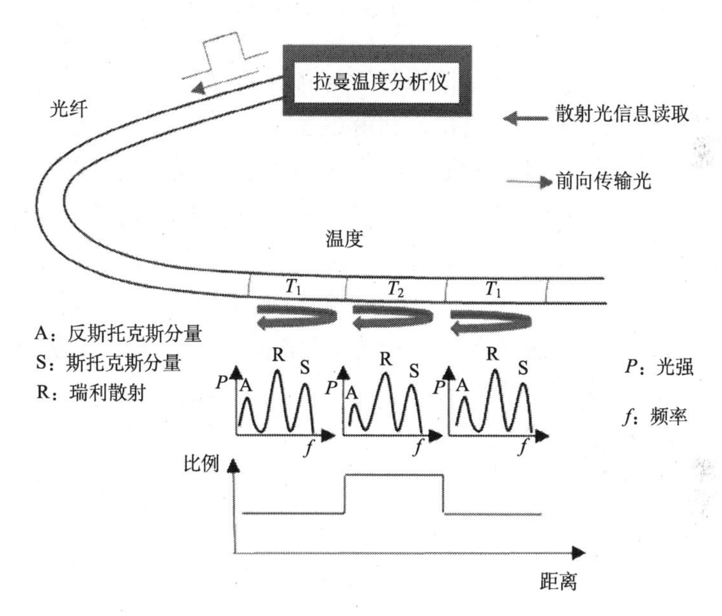

图 5-8　基于拉曼散射的分布式光纤温度监测原理示意图

基于拉曼散射的分布式光纤传感技术，可用于生态农业中的大范围农田土壤温度监测，如图 5-9 所示。2015 年，吉林农业大学石霄利用分布式光纤温度传感系统，研究了温度对农业生产的影响尤其是耕作层土壤温度对农业的直接影响，对耕作层土壤温度的长距离/大面积实时监测进行了实验以及研究分析[15]。

基于拉曼散射的分布式光纤传感技术，还可用于水渗流监测领域。国外，瑞士光纤传感技术人员利用 2 台分布式光纤温度传感装置对柏林的地下 55km 长盐水管道进行渗漏监测，研究了季节性温度变化对管道内盐水温度的影响，通过渗

图 5-9　农田土壤温度监测示意图

漏部位光纤温度变化可以实现管道渗漏的定位，技术人员在意大利利用 DTS 在砂土中对管道不同截面进行渗漏定位，利用热水模拟管道渗漏，确定不同渗漏流量与温度变化的对应关系，总结得出相关的影响因素分别为土壤的渗透性(土壤类型)、土壤压实度、渗漏点和管道的距离以及土壤和流体的温差等，并利用布置于输气管道上部的光纤对天然气管道进行渗漏模拟试验，得到了理想结果。

国内，平原水库对解决局部地区水资源短缺及分布不均问题发挥着重要作用。渗流问题是影响平原水库安全运行的重要因素，一旦渗流问题发展为溃坝，不仅会使水库失去原有的社会经济价值，还会造成无法估量的生命财产等损失。因此，对水库坝体进行渗流监测非常必要，基于分布式光纤测温系统的渗流监测技术是近年的热点研究方向[16]。

5.2　基于光纤布拉格光栅传感技术

自 1978 年 Hill 等[17]首次发现光纤的光敏性并成功地在掺锗光纤中刻上光栅，光纤光栅的发展越来越成熟。1996 年，Bhatia 和 Vengsarkar[18]首先将光纤光栅引入光纤传感领域。光纤光栅是一种通过一定方法使光纤纤芯的折射率发生轴向周期性调制而形成的衍射光栅，是一种无源滤波器件，如图 5-10 所示。对于没有应变或温度变化的均匀光纤布拉格光栅，布拉格波长：

$$\lambda_B = 2\Lambda n_{eff} \tag{5-1}$$

其中，Λ 是折射率调制的周期；n_{eff} 是纤芯的有效折射率。

实现刻蚀光纤光栅的方法越来越丰富，例如利用二氧化碳激光脉冲刻蚀，紫外(UV)曝光刻蚀[19]，飞秒激光脉冲刻蚀[20,21]，还有离子注入[22]、电弧刻蚀[23]等方法。

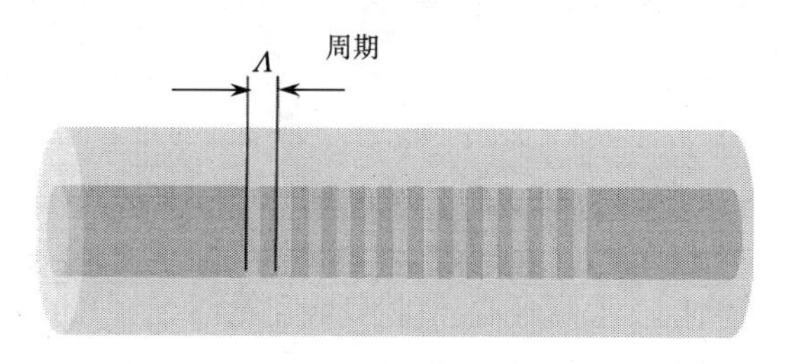

图 5-10　光纤布拉格光栅

此后，光纤光栅进入高速发展阶段，基于光纤光栅的传感器包含基本的布拉格光栅传感器、啁啾光栅、长周期光栅传感器和基于光栅的干涉传感器。基于光纤光栅的传感器已经成为传感领域的一种非常重要的技术，其优越的性能引起了研究人员的极大兴趣：轻巧紧凑的外形，电磁场的免疫性及安全性和生物兼容性，适用于恶劣环境的变量的传感。通过时分和波长复用，可以组建传感网络，实现多路的网络传感，进而在很多重要领域发挥着重要的应用作用，例如在生态中的生化传感[24]，气体浓度检测[25]，折射率、温度湿度等传感[26]。

温度是最常见的引起光栅光谱发生变化的外界参量之一。当光栅周边温度场变化时，光栅中心波长产生漂移。原因有两方面：一是热膨胀效应引起光栅几何形状形变，引起包括纤芯与包层横向直径变化、光栅周期与栅区在轴向长度伸缩；另一方面，热光效应引发光纤的折射率改变。根据光栅方程，可得到温度灵敏度为

$$S_T = \frac{\Delta\lambda_{\text{res}}}{\lambda_{\text{res}}\Delta T} = \frac{1}{n_{\text{eff}}}\left(n_{\text{eff}}\alpha_{\text{n}} + \Delta n_{\text{eff}} + \frac{\partial n_{\text{eff}}}{\partial \alpha} \times \frac{\Delta\alpha}{\Delta T}\right) + \alpha_{\varLambda} \tag{5-2}$$

其中，热光系数为 $\alpha_{\text{n}} = \dfrac{1}{n_{\text{eff}}}\dfrac{\partial n_{\text{eff}}}{\partial T}$；热膨胀系数为 $\alpha_{\varLambda} = \dfrac{1}{\varLambda}\dfrac{\partial \varLambda}{\partial T}$；$S_T$ 表示温度灵敏度。

微纳光纤光栅具有很强的隐失场，将传感区当作纤芯，将空气当作包层。当周围环境折射率变化时，其有效折射率和周期会随外界环境改变而发生改变，使反射波长漂移。通过在光纤表面涂覆增敏材料，例如石墨烯、羧甲基纤维素水凝胶膜等，实现湿度等其他物理参量的传感。

文献[27]结合光纤布拉格光栅(FBG)和光纤端面的菲涅耳反射构成法布里-珀罗腔，可同时实现温度和湿度双参量传感(图 5-11)。

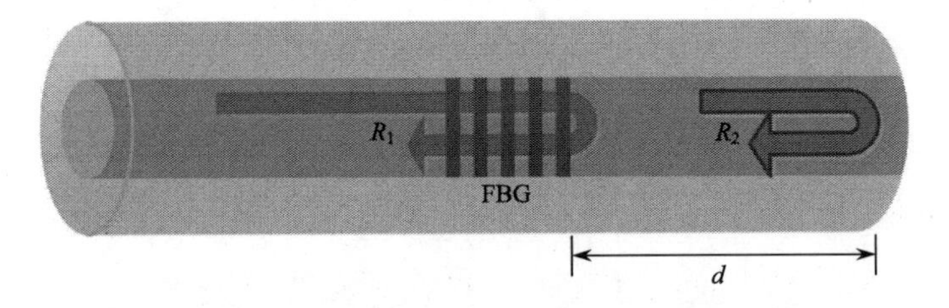

图 5-11　基于光纤布拉格光栅和法布里-珀罗腔的传感装置[27]

文献[28]通过将氧化石墨烯(GO)沉积到倾斜光纤光栅(TFG)，制作了高性能的相对湿度传感器(图 5-12)。大角度倾斜的光栅平面可诱发一组偏振相关的包层模式和强的隐失场，环境湿度改变，影响氧化石墨烯(GO)层的湿度相关的电介质耦合，进而使得波长发生移动。在 30%～80%RH(relative humidity，相对湿度)的范围内，湿度灵敏度为 0.027dB/%RH。

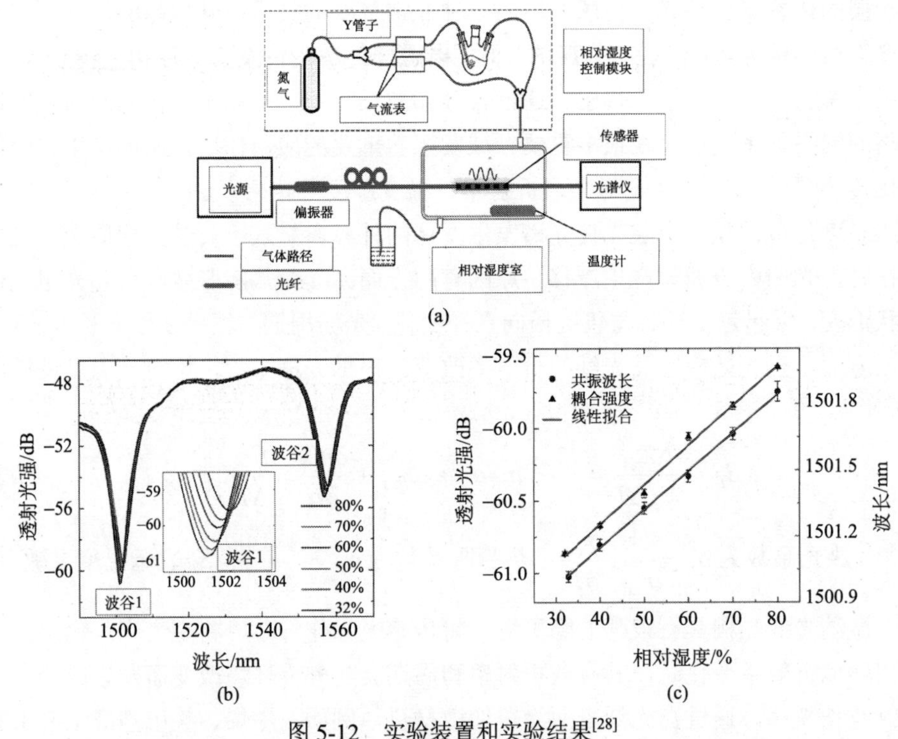

图 5-12　实验装置和实验结果[28]

文献[29]利用光纤拉锥技术制造了直径为 12μm 的微纳光纤，并通过 244nm 超紫外激光写入光纤布拉格光栅，然后在光纤布拉格光栅上涂覆聚酰亚胺涂层，形成光纤布拉格光栅相对湿度传感器(图 5-13)。

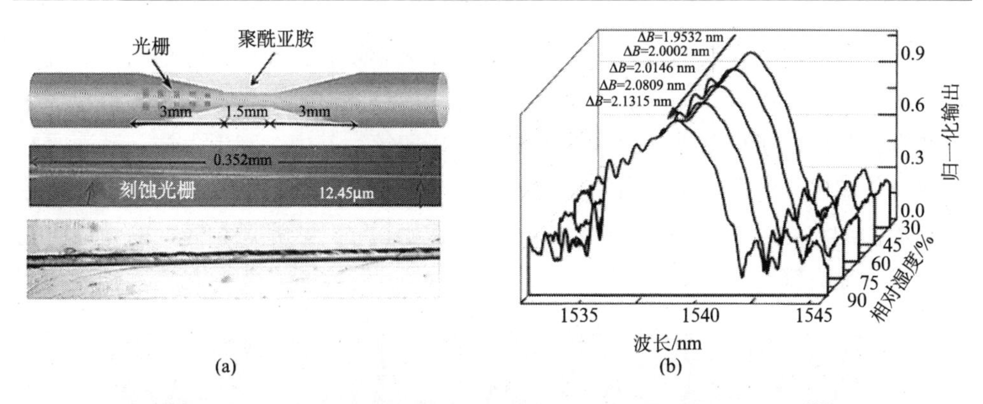

图 5-13　基于光纤锥的光纤布拉格光栅和相对湿度传感实验结果[29]

外界环境的湿度变化会引起反射光谱带宽改变。实验结果表明，随着相对湿度的增加，带宽以 0.00297nm/%RH 的速率变化，线性值为 99.3%。但是，当相对湿度降低时，在 90%～65%RH 和 65%～30%RH 的范围内，线性度分别为 97%和 98%，灵敏度值分别为 0.0035nm/%RH 和 0.0008nm/%RH。此外，该传感器已经测试了在不同湿度下带宽随温度的变化，带宽温度敏感度约为 0.00035nm/℃。

文献[30]将光纤布拉格光栅刻蚀在 D 形光纤包层中，周围折射率会影响干涉波长移动，结合布拉格光纤的温度感应特性光栅，可以同时测量折射率和温度（图 5-14）。实验结果表明在 1.333～1.428 折射率的范围内灵敏度为−31.79nm/RIU（refractive index unit，折射率单位），可获得 0.0287nm/℃的温度灵敏度。上述光纤布拉格光栅传感器具有结构简单、成本低和制造方便的优点。

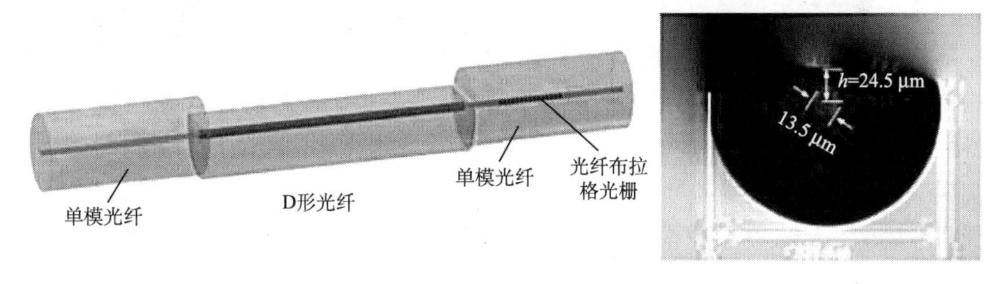

图 5-14　D 形光纤的光纤布拉格光栅传感器[30]

5.3　基于微纳光纤的传感技术

5.3.1　微纳光纤

微纳光纤的直径通常接近或小于传输的光波长，直径范围在几十纳米到几微米之间，且纤芯和包层的折射率差很大。浙江大学童利民教授等成功制备出直径远小于传输波长的光纤，开启了研究微纳光纤器件的热潮[31-36]。制备微纳光纤的方法有光刻、电子束刻蚀、化学生长及纳米压印等，其中，利用火焰、激光或电加热拉伸玻璃光纤所制备的微纳光纤，其表面光滑度和结构均匀度均优于同尺寸级别的微纳波导，表面粗糙度低至 0.2nm 量级[36]。图 5-15 是微纳光纤的扫描电镜图和光学显微镜图。

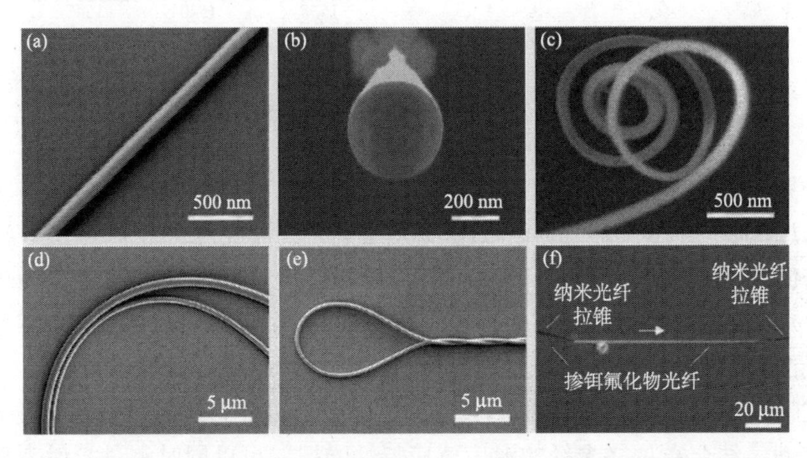

图 5-15　典型微纳光纤的扫描电镜图((a)～(e))和光学显微镜图(f) [35]

光在微纳光纤中的传播原理与普通光纤不同，对标准阶跃光纤，纤芯折射率要高于包层折射率，可以根据全反射原理解释光在芯内的传输，同时在包层中也会存在少量的隐失波。而光纤半径减小时，隐失波加强，光纤中的能量将有很大一部分在光纤周围传输，如图 5-16 所示。此时不能再用几何光学的方法来讨论光的传输，可以通过求麦克斯韦方程的严格解并结合数值计算获得微纳光纤的导波特性[37]。基于微纳光纤的超低表面粗糙度，可以实现大比例隐失场的低损耗传输，实现微纳光纤与其他结构之间的光学近场耦合。由于其新颖的导波特性，微纳光纤被应用于微纳尺度导波、近场光学耦合、光学传感、非线性光学等领域。

5.3.2　基于微纳光纤的海水盐度传感

海洋蕴藏着丰富的资源，影响着全球气候变化。海洋科学中，海水的温度和盐度变化与气候、大洋环流和海洋内波等现象紧密相关，利用海水的温度/盐度数据反演各种海洋过程是常用的研究手段。盐度是海水的重要参数，盐度影响了水体密度和水体状况，也是海洋渔业必不可少的因素，因此海水盐度的精确测量在海洋环境保护与生态治理、海洋渔业、海洋军事等实际生产和科研方面发挥着重要作用。

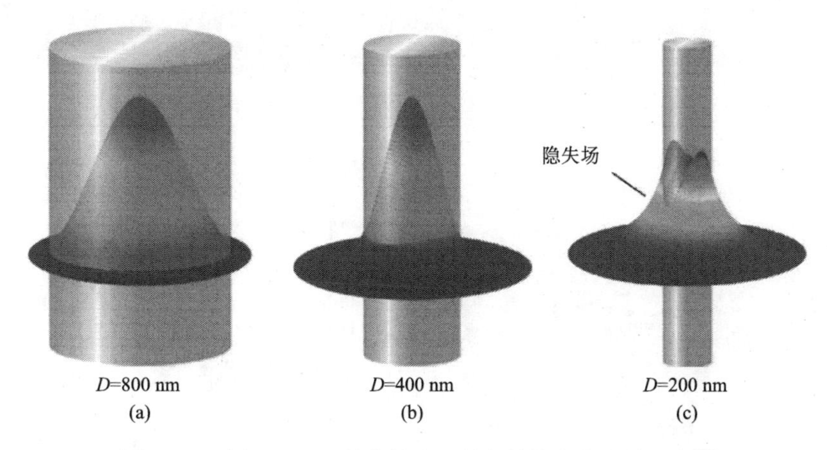

图 5-16　波长 633 nm 的传输光沿轴向的坡印亭矢量分布[35]

海水盐度测量的主流仪器是温盐深仪(CTD)，是通过测量海水的电导率实现的。电导率传感分为电极式和感应式两种。其中，前者测量精度高，抗干扰能力强，但响应速度较慢，后者响应速度较快，但测量精度不高且易受到电磁干扰。此外，温盐深仪价格昂贵，限制了其进一步发展。随着人们对海洋认识和科技的不断进步，各种海水盐度测量技术相继被提出。其中，基于隐失场效应的光学环形腔受到了人们的关注，被广泛应用于折射率、湿度测量等领域。微纳光纤由于具有很小的尺寸可以提供很强的隐失场，增强了光与周围介质的相互作用，可以提供很高的灵敏度。此外，其成本低廉，且大表面体积比可提高响应速度。在此背景下，利用微纳光纤进行海水盐度的测量是很有优势的[37]。

一种利用微纳光纤进行海水盐度测量的方法是基于微纳光纤定向耦合器结构，如图 5-17(a)所示[38]。采用火焰加热拉锥技术，拉伸标准单模光纤制备二氧化硅双锥微纳光纤(光纤 1)，束腰直径通常为几微米，锥区长度为几厘米。另一独立端部的微纳光纤(光纤 2)也采用同样的技术制作。此外，考虑到液体中的强张力，由范德瓦耳斯力和静电力维持的耦合区容易受到破坏。为了加强该装置在液体中的工作，在耦合区涂上 1%浓度的乙基纤维素乙醇(EC)溶剂进行加强。将待测海水样品倒入具有温度控制功能的样品池，然后将组装好的耦合器浸入测试的海水中。光源的宽带光从光纤 1 的端口 1 输入，经耦合区后从光纤 2 的端口 3 输出并利用光谱分析仪进行分析。图 5-17(c)是实验装置图，图 5-17(d)是涂覆前后的透射光谱。

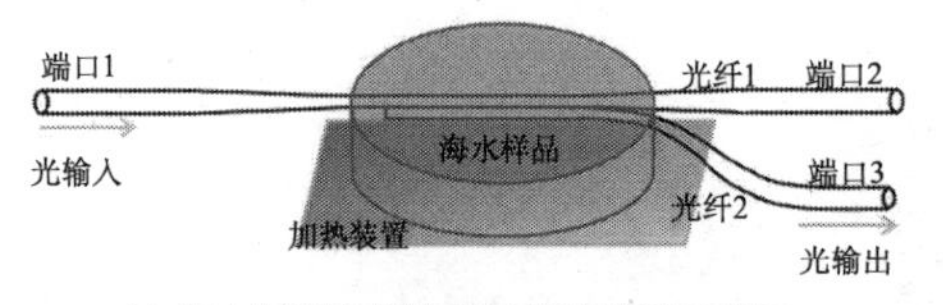

(a) 海水温度和盐度测量实验装置示意图

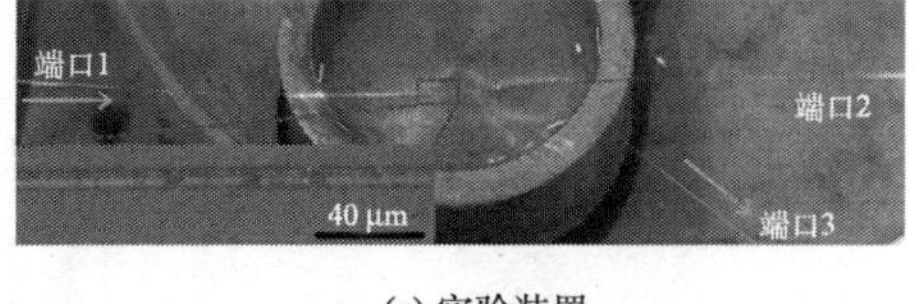

(c) 实验装置

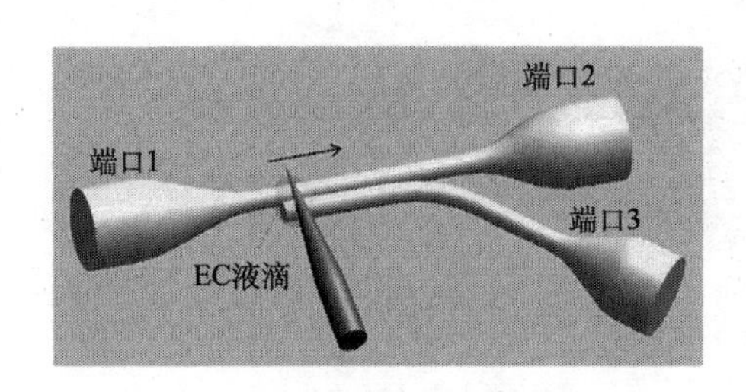

(b) EC薄膜涂层示意图

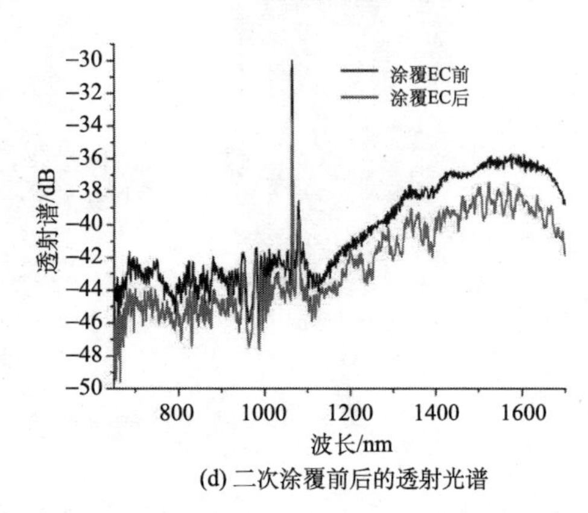

(d) 二次涂覆前后的透射光谱

图 5-17　利用微纳光纤进行海水盐度测量[38]

温度保持不变，将蒸馏水依次加入 38‰海水样品中，人工调节海水盐度使其依次下降到 26‰，测量得到传感器透射谱随盐度变化的响应，如图 5-18(a)所示。实验中用盐度计(PR-100SA)和热电偶温度计(TASI-8620)进行盐度和温度的标定。所跟踪两个谷值的波长均随盐度降低发生蓝移，图 5-18(b)、(c)分别显示了两谷值波长变化的二次拟合曲线。由于温度的升高也会引起透射谱的漂移，所以还需要测量传感系统对温度的响应。海水盐度保持在 26‰，用加热器加热样品改变温度，图 5-19 显示海水温度升高时，谷值 1 和 2 都移向短波。利用两谷值对盐度和温度的不同响应，可以计算灵敏度矩阵实现对海水温度和盐度的同时测量。与现有的传感器相比，该方法的最大盐度灵敏度大约是基于微纳光纤结型谐振腔(20～40μm/‰)、聚酰亚胺涂层光子晶体光纤(12.7μm/‰)和双芯光纤(240μm/‰)盐度传感器的 4～70 倍，温度灵敏度高出 5～16 倍[38]。

另一种利用微纳光纤进行海水盐度测量的方法是基于微环谐振腔结构。利用微纳光纤隐失波耦合原理构造的微环谐振腔结构大致可以分为四类，如图 5-20 所示。圈型谐振腔是将微纳光纤绕成一圈交叠而成，交叠区的形状靠微纳光纤间的静电力、范德瓦耳斯力以及摩擦力维持。这种圈型谐振腔最早由 Caspar 等在 1989 年提出[39]。结型谐振腔是将微纳光纤环绕一圈打结而成，相比圈型结构更加稳定且结的半径灵活可调，环型谐振腔是利用 CO_2 激光器将微纳光纤首尾相熔接成一个独立的环构成，而多圈型谐振腔是将微纳光纤在低折射率的介质棒上环绕多圈实现。

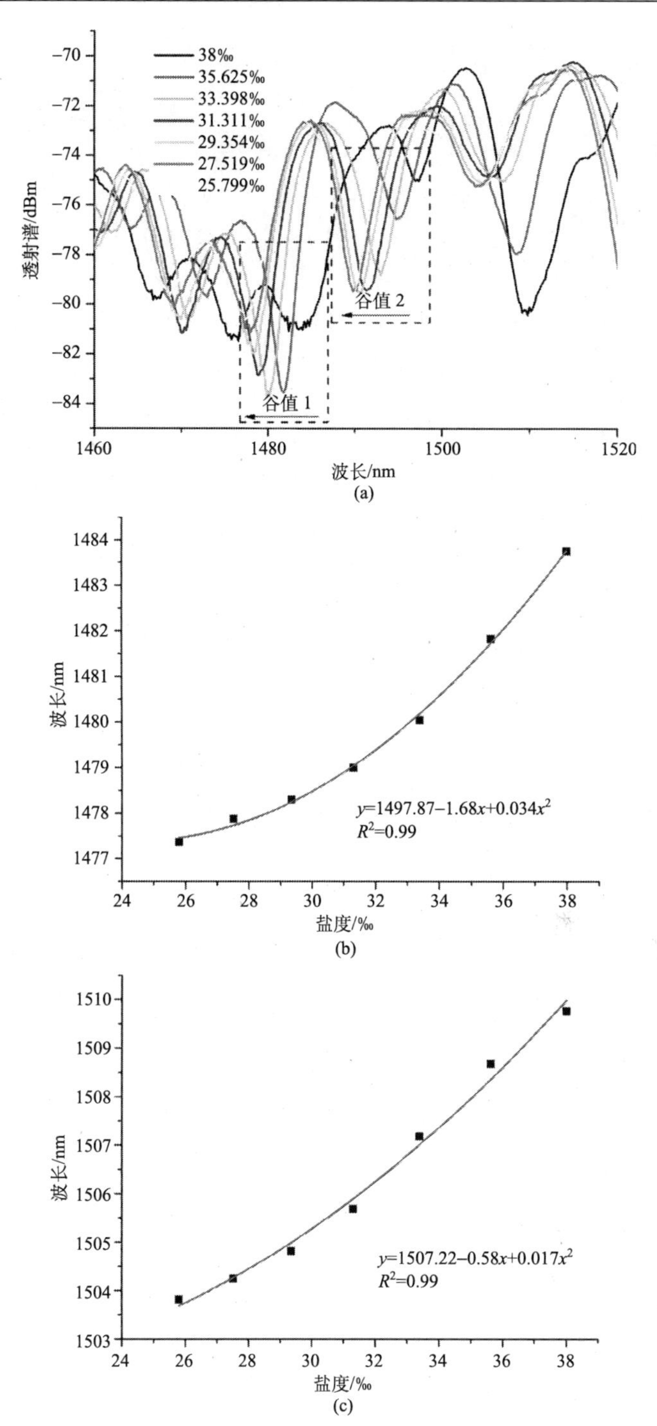

图 5-18　(a)温度为 8.8℃时不同盐度下的透射光谱；(b)谷值 1 和(c)谷值 2 波长与盐度之间的关系[38]

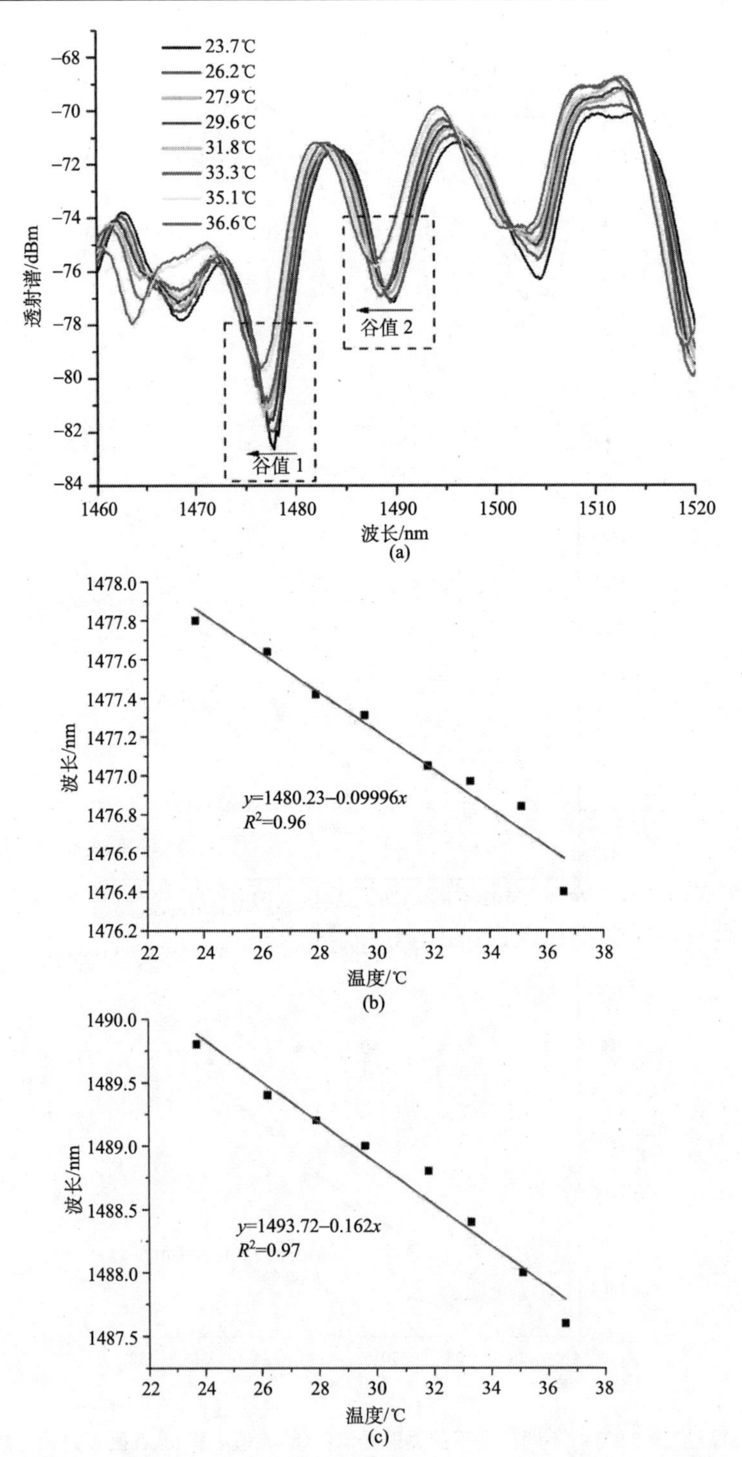

图 5-19　(a) 盐度为 26‰时不同温度下的透射光谱; (b) 谷值 1 和 (c) 谷值 2 波长与温度之间的关系[38]

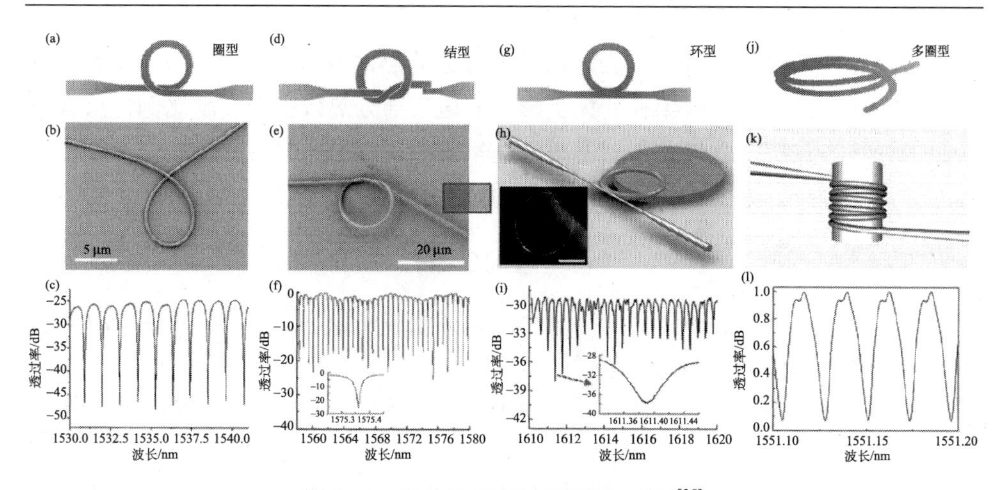

图 5-20　微纳光纤谐振腔的四种结构[35]

从上到下分别为结构图、实物图、宽带光源入射时对应的谐振光谱

文献[40]中提到的方法是使用微纳光纤环形腔结构。为了消除传感器对温度的敏感效应，将微纳光纤环形腔分别嵌入低折射率材料(例如 MgF_2 和 Teflon)中。以 Teflon 材料为例，其制作方法是首先将微环谐振腔放置在制备好的 Teflon 基底上，然后在其上覆盖一层 Teflon 薄膜，其结构如图 5-21(a)所示。低折射率材料保证微纳光纤的隐失场能分布于海水当中，镀膜后环形腔横截面如图 5-21(b)所示，圆形为光纤横截面，d 指的是微纳光纤距离膜上下表面的距离。该结构在横向上是无限延展的，这样微纳光纤的隐失场只有在纵向上分布于海水中，海水盐度的变化会改变这部分的隐失场分布，从而引起光纤中传输基模的改变，使得环形腔的输出光谱发生变化，引起谐振峰发生移动。利用 COMSOL 软件建立传感器模型，研究海水中嵌入式环形腔的温度特性，嵌入式环形腔传感器的热效应主

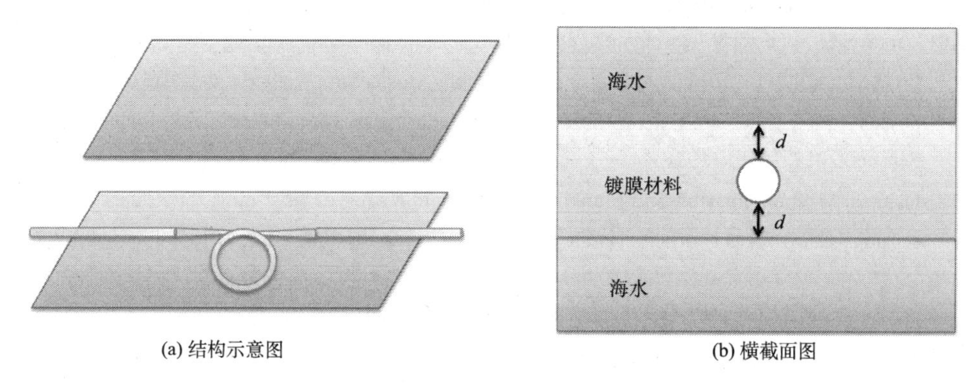

(a) 结构示意图　　(b) 横截面图

图 5-21　嵌入式微纳光纤环形谐振腔传感器结构示意图和横截面图

要来自氧化硅、MgF_2、海水，当来自这三部分的热效应相平衡时，整个传感器对温度不敏感。而微纳光纤半径的大小影响着这三部分热效应的贡献比例，只有在合适的光纤半径下，才能使传感器对温度不敏感，以上研究工作为探索光纤传感器在海水盐度传感方面的应用提供了新的思路。

参 考 文 献

[1] Shi B, Sui H, Liu J, et al. The BOTDR-based distributed monitoring system for slope engineering[C]. IAEG2006, 2006, 683: 1-5.

[2] Bao X, Chen L. Recent progress in Brillouin scattering based fiber sensors[J]. Sensors, 2011, 11(4): 4152-4187.

[3] Thévenaz L, Soto M A. Rating the performance of a Brillouin distributed fiber sensor[C]. OFS2012, 2012, 8421: 8421A7.

[4] Bao X, Chen L. Recent progress in optical fiber sensors based on Brillouin scattering at University of Ottawa[J]. Photonic Sensors, 2011, 1(2): 102-117.

[5] Thévenaz L, Soto M A. Brillouin distributed fiber sensors : Practical limitations and guidelines for the making of a good sensor[C]. IEEE Sensors 2014 Proceedings, Valencia, Spain, 2014: 146-149.

[6] 葛捷. 分布式布里渊光纤传感技术在海堤沉降监测中的应用[J]. 岩土力学, 2009, 30(6): 1856-1860.

[7] 张诚成, 施斌, 朱鸿鹄, 等. 分布式光纤探测地裂缝的理论基础探讨[J]. 工程地质学报, 2019, 27(6): 1473-1482.

[8] 郁道银, 谈恒英. 工程光学[M]. 北京: 机械工业出版社, 2010.

[9] Mestayer J, Cox B, Wills P, et al. Field trials of distributed acoustic sensing for geophysical monitoring[J]. SEG Technical Program Expanded Abstracts 2011, Society of Exploration Geophysicists, San Antonio, Texas, 2011: 4253-4257.

[10] Karam S G, Webster P, Hornman K, et al. Microseismic applications using DAS[C]. Conference Proceedings, 4th EAGE Passive Seismic Workshop, Amsterdam, Netherlands, 2013.

[11] Becker M W, Coleman T I. Distributed acoustic sensing of strain at earth tide frequencies[J]. Sensors, 2019, 19(9): 1975.

[12] Daley T M, Freifeld B M, Ajo-Franklin J, et al. Field testing of fiber-optic distributed acoustic sensing (DAS) for subsurface seismic monitoring[J]. The Leading Edge, 2013, 32(6): 699-706.

[13] Yu C, Zhan Z, Lindsey N J, et al. The potential of DAS in teleseismic studies: Insights from the goldstone experiment[J]. Geophysical Research Letters, 2019, 46(3): 1320-1328.

[14] Lindsey N J, Martin E R, Dreger D S, et al. Fiber-optic network observations of earthquake wavefields[J]. Geophysical Research Letters, 2017, 44(23): 11792-11799.

[15] 石霄. 长距离大面积农田土壤测温系统的研究[D]. 长春: 吉林农业大学, 2015.

[16] 李红涛. 分布式光纤测温技术在平原水库渗流监测中的应用研究[D]. 济南: 山东大学, 2018.

[17] Hill K O, Fujii Y, Johnson D C, et al. Photosensitivity in optical fiber waveguides: Application to reflection filter fabrication[J]. Applied Physics Letters, 1978, 32(10): 647-649.

[18] Bhatia V, Vengsarkar A M. Optical fiber long-period grating sensors[J]. Optics Letters, 1996, 21(9): 692-694.

[19] Davis D D, Gaylord T K, Glytsis E N, et al. Long-period fibre grating fabrication with focused CO_2 laser pulses[J]. Electronics Letters, 1998, 34(3): 302-303.

[20] Shu X, Zhang L, Bennion I. Fabrication and characterisation of ultra-long-period fibre gratings[J]. Optics Communications, 2002, 203(3-6): 277-281.

[21] Hill K O, Malo B, Bilodeau F, et al. Erratum: "Bragg gratings fabricated in monomode photosensitive optical fiber by UV exposure through a phase mask"[Appl. Phys. Lett. 62, 1035 (1993)][J]. Applied Physics Letters, 1993, 63(3): 424.

[22] Kondo Y, Nouchi K, Mitsuyu T, et al. Fabrication of long-period fiber gratings by focused irradiation of infrared femtosecond laser pulses[J]. Optics Letters, 1999, 24(10): 646-648.

[23] Fujimaki M, Ohki Y, Brebner J L, et al. Fabrication of long-period optical fiber gratings by use of ion implantation[J]. Optics Letters, 2000, 25(2): 88-89.

[24] Maaskant R, Alavie T, Measures R M, et al. Fiber-optic Bragg grating sensors for bridge monitoring[J]. Cement and Concrete Composites, 1997, 19(1): 21-33.

[25] Baldini F, Brenci M, Chiavaioli F, et al. Optical fibre gratings as tools for chemical and biochemical sensing[J]. Analytical and Bioanalytical Chemistry, 2012, 402(1): 109-116.

[26] Qin X, Feng W, Yang X, et al. Molybdenum sulfide/citric acid composite membrane-coated long period fiber grating sensor for measuring trace hydrogen sulfide gas[J]. Sensors and Actuators B: Chemical, 2018, 272: 60-68.

[27] Qi Y, Jia C, Tang L, et al. Simultaneous measurement of temperature and humidity based on FBG-FP cavity[J]. Optics Communications, 2019, 452: 25-30.

[28] Jiang B, Bi Z, Hao Z, et al. Graphene oxide-deposited tilted fiber grating for ultrafast humidity sensing and human breath monitoring[J]. Sensors and Actuators B: Chemical, 2019, 293: 336-341.

[29] Li P, Yan H, Xie Z, et al. A bandwidth response humidity sensor with micro-nano fibre Bragg grating[J]. Optical Fiber Technology, 2019, 53: 101998.

[30] Dong Y, Xiao S, Wu B, et al. Refractive index and temperature sensor based on D-shaped fiber combined with a fiber Bragg grating[J]. IEEE Sensors Journal, 2019, 19(4): 1362-1367.

[31] Tong L M, Gattass R R, Ashcom J B, et al. Subwavelength-diameter silica wires for low-loss optical wave guiding[J]. Nature, 2003, 426: 816-819.

[32] Brambilla G, Xu F, Horak P, et al. Optical fiber nanowires and microwires: Fabrication and

applications[J]. Advances in Optics and Photonics, 2009, 1(1): 107-161.

[33] Tong L M, Zi F, Guo X, et al. Optical microfibers and nanofibers: A tutorial[J]. Optics Communications, 2012, 285(23): 4641-4647.

[34] Wang P, Wang Y P, Tong L M. Functionalized polymer nanofibers: A versatile platform for manipulating light at the nanoscale[J]. Light: Science & Applications, 2013, 2(10): e102.

[35] Wu X Q, Tong L M. Optical microfibers and nanofibers[J]. Nanophotonics, 2013, 2: 407-428.

[36] Guo, X, Ying, Y B, Tong L M. Photonic nanowires: From subwavelength waveguides to optical sensors[J]. Accounts of Chemical Research, 2014, 47(2): 656-666.

[37] 李国祥, 基于微纳光纤环形腔的海水盐度传感研究[D]. 青岛: 中国海洋大学, 2014.

[38] Wang S S, Yang H J, Liao Y P, et al. High-sensitivity salinity and temperature sensing in seawater based on a microfiber directional coupler[J]. IEEE Photonics Journal, 2016, 8(4): 6804209.

[39] Caspar C, Bachus E-J. Fibre-optic micro-ring-resonator with 2mm diameter[J]. Electronics Letters, 1989, 25(22): 1506-1508.

[40] 王晶, 李国祥, 王姗姗, 等. 三种微纳光纤环形腔海水盐度传感器理论研究[J]. 中国海洋大学学报, 2015, 45(7): 131-136.

第6章　注入锁频技术在大气风场监测及温室气体检测中的应用

大气风速测量对全球气候变化的研究、提高数值天气预报的精度和长期气候预报的准确性等具有重要的意义，研究并监测大气风场及温室气体的变化，涉及生态光子学相关领域，其中的关键器件——探测光源的设计，变得尤为重要。2μm波段的相干多普勒测风雷达，存在大气窗口，对人眼安全，可以实现在不同天气条件下，实现远距离大气变化的实时监测。可调谐的2μm激光光源覆盖了大气中水蒸气和二氧化碳的主要吸收峰，显示出大气温室气体探测的优势，成为监测全球天气和气候变化的有效工具。

无论是作为相干测风雷达还是差分吸收雷达的发射光源，激光器均要同时满足单频、窄线宽、大能量、光束质量好的特性。注入锁频技术可以解决激光输出同时具有高能量和单纵模稳定的矛盾，为相干测风雷达和差分吸收雷达提供光源，在生态光子学的风场及温室气体监测技术应用中，具有十分重要的意义及广阔的发展前景。

6.1　注入锁频基本理论

注入锁频技术，即将一台单频输出的种子激光器注入另一台调Q运转的从激光器中，种子激光器通过从激光器实现放大，从而使得激光器能够同时满足单频、脉冲输出的特性[1]。对于注入锁频激光器，整个激光系统的光谱特性、模式相位特性以及空间特性可以通过种子激光器来调整，而整个激光系统的脉冲特性，比如重复频率、单脉冲能量和脉宽则可以通过从激光器来调整。注入锁频实质是注入种子模在功率放大腔内与其他自然振荡模间的模竞争，它取决于注入种子模和自然振荡模中谁提取增益更快。

6.1.1　注入锁频原理

在注入锁频激光器中，将主激光器输出的单纵模种子光注入脉冲运转的从激光器中，实现对从激光器输出激光频谱等特性的控制，最终获得脉冲运转的单频激光输出，如图 6-1 所示。

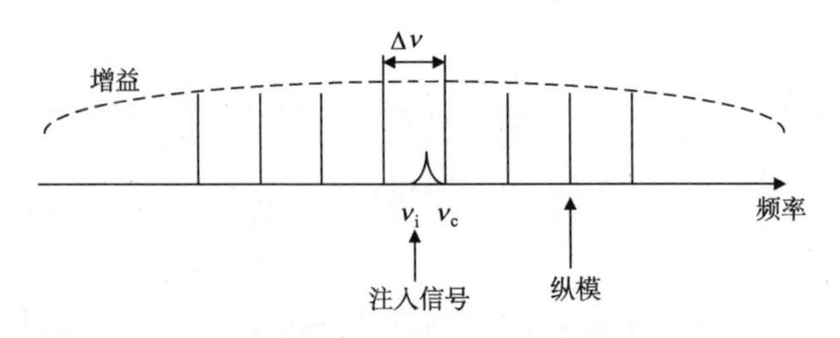

图 6-1　注入种子后的工作方式

设注入信号的频率为ν_i，从激光器中离注入信号最近的纵模频率为ν_c，当注入“种子”信号进入从激光器时，Q 开关关闭，注入信号和主激光器本身的本征模都要形成振荡，如果注入信号的线宽足够窄，比从激光器谐振腔的纵模间隔$\Delta\nu$小得多，利用某种方法对从激光器的腔长进行扫描，则最靠近注入信号的纵模将被诱导到注入的种子信号频率上，受到激发与之发生共振，就可比其他纵模先达到饱和而从增益介质中提取能量得到放大，而不受注入信号场影响的其他纵模仍然从自发辐射噪声开始起振。由于注入信号场强比噪声场强大得多，所以ν_c模首先形成振荡，从而导致增益系数下降，此时由于均匀加宽介质模式竞争机制，其他纵模就被抑制，最终得以单纵模输出。

当注入信号频率与从激光器的受激发的纵模频率不完全一致时(在失谐范围$\Delta\nu'$内)，由于从激光器的腔长扫描机制，从激光器在振荡过程中经历一个快速的相移而移到注入种子光的谐振纵模$\nu_i = \nu_c + \Delta\nu'$上，所以输出激光的频率就是种子光注入信号的频率$\nu_i$。

6.1.2　注入锁频的注入功率

实现注入锁频实际上是注入的种子光模式与从激光器谐振腔内的自然模式间的竞争。因此，能否实现注入锁频，对注入的种子光光强有一定的要求，将谐振腔内的自然模式抑制掉，使得注入的种子光模式占主导作用。

一般情况下，注入的种子光功率通常较低。Kurtz 等根据 Siegman 的注入锁频激光器理论[2,3]，得到一个工作在阈值以下的激光器，作为激光放大器，在波长λ处的单程增益为

$$g(\lambda) = \frac{1 - R_1 R_2}{1 - G_{\mathrm{RT}}(\lambda)\mathrm{e}^{-\mathrm{i}\varphi(\lambda)}} \tag{6-1}$$

其中，R_1和R_2分别为谐振腔的腔镜反射率；$G_{\mathrm{RT}}(\lambda)$为往返总增益；$\varphi(\lambda)$为往返

相位。

假设λ_N为从激光器的自由振荡波长，λ_i为注入并被放大的种子光波长，则有放大的光强度：

$$I(\lambda_i)=\left|g(\lambda_i)\right|^2 I_i \approx \left(\frac{1-R_1R_2}{4\pi L}\right)^2 \cdot \left(\frac{\lambda_i\lambda_N}{\lambda_i-\lambda_N}\right)^2 I_i \tag{6-2}$$

其中，I_i为注入种子光强度；L为从激光器谐振腔的光学长度。

均匀加宽介质中，在注入种子光的影响下，λ_N将向λ_i靠近，注入种子光逐渐在模式竞争中占据优势，被放大的种子光强度逐渐超过自由振荡光强度，同时从激光器中的振荡波长最终将被牵引到种子光波长上，从而实现注入锁频。

实现注入锁频所需要的注入种子光强度可表示为

$$\frac{I_i}{I_N} > \left(\frac{4\pi}{1-R_1R_2}\frac{L}{\lambda_N}\frac{\lambda_N-\lambda_i}{\lambda_N}\right) \tag{6-3}$$

其中，I_N为自由振荡模式强度。由式(6-3)可知，若λ_N与λ_i相差较大，则所需的种子光功率也要较大。因此，要求注入的种子光光强足够高或是保证注入的种子光波长与从激光器中自由运转波长的差异很小，才能够实现有效的注入锁频。

同时，注入的种子光强度会影响注入锁频激光的光谱纯度。假设种子模光强为I_S，自然模光强为I_N，Q_c为光谱纯度，用于描述注入锁频激光系统的单色性[4]，则有

$$Q_c = \frac{I_S}{I_S + I_N} \tag{6-4}$$

若两种模增益近似相等，则有

$$Q_c = \frac{T_p C_0^2 I_S}{T_p C_0^2 I_S + I_N} \tag{6-5}$$

因此，I_S为

$$I_S = \frac{Q_c I_N}{T_p C_0^2 (1-Q_c)} \tag{6-6}$$

其中，$T_p C_0^2$表示种子模与腔模光强耦合系数。

由式(6-6)可知，种子模光强反比于种子模与腔模光强耦合系数，正比于自然模光强。若要注入锁频激光系统的光谱纯度越高，那么要求种子光强度也越强。

6.1.3　种子注入的模式匹配

在注入锁频激光器中，种子注入的模式匹配是成功实现注入锁频的关键。因

此，需要合理地设计注入锁频激光器的注入耦合系统，使主激光器输出的单频激光与从激光器腔模实现良好的模式匹配，尽量提高种子光与从激光器谐振腔中的基模耦合效率，从而最大效率地利用种子光。模式匹配分为横向模式匹配和纵向模式匹配。

横向模式匹配即将种子光的 TEM_{00} 模完全耦合到无源腔的 TEM_{00} 模，只激发无源腔中与种子光相同的模式。这可以通过在种子激光器和从激光器间加入薄透镜，进行光束变换[5]，使得种子光经透镜变换后的光斑大小和位置与从激光器的完全重合，即实现了横向模式匹配。

根据高斯光束传播 ABCD 矩阵：

$$L = F \pm \frac{\omega_0}{\omega_1}\sqrt{F^2 - Z^2} \tag{6-7}$$

$$L_1 = F \pm \frac{\omega_1}{\omega_0}\sqrt{F^2 - Z^2} \tag{6-8}$$

其中，ω_0 和 ω_1 分别为种子光束腰半径和经薄透镜变换后种子光束腰半径，种子光束腰与薄透镜的距离用 L 表示，经薄透镜变换后种子光束腰与薄透镜的距离用 L_1 表示，F 表示薄透镜焦距，Z 为特征长度：

$$Z = \frac{\pi\omega_0\omega_1}{\lambda} \tag{6-9}$$

其中，λ 为激光波长。

薄透镜焦距 F 满足：

$$\left(4 - A^2\right)F^2 - 4L_z F + \left(L_z^2 + A^2 Z_0^2\right) = 0 \tag{6-10}$$

其中：

$$A = \frac{\omega_1}{\omega_0} + \frac{\omega_0}{\omega_1} \tag{6-11}$$

$$L_z = L_1 + L \tag{6-12}$$

综上可知，选取适当的薄透镜焦距，合适的薄透镜与主、从激光器之间的距离，可以使得种子光经薄透镜变换后的束腰位置和大小与从激光器谐振腔本征模式的束腰位置和大小完全重合，从而实现种子激光器与从激光器之间的横向模式匹配。

纵向模式匹配即种子激光器输出激光的频率应满足从激光器的振荡条件。可以通过调节种子光的输出频率实现与从激光器频率基本一致，或是通过调节从激光器固有谐振频率的方式来实现种子激光器与从激光器之间的纵向模式匹配。通常的实现方式是采用“ramp hold and fire”技术[6]，改变从激光器腔长的方式，调节从激光器的固有谐振频率，完成和种子激光器的纵向模式匹配，获得光谐振信号，实现注入锁频过程，如图 6-2 所示。

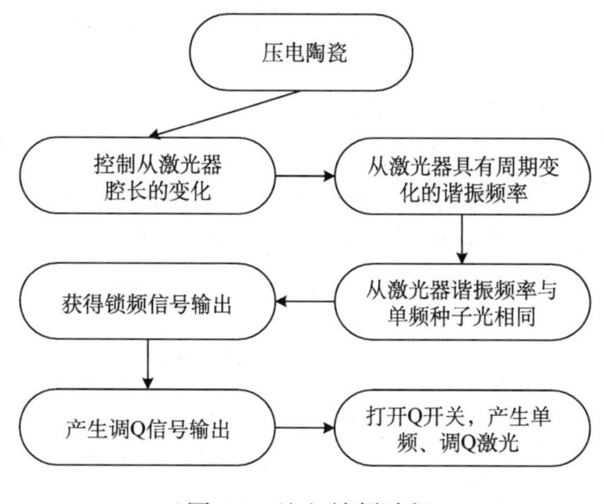

图 6-2　注入锁频过程

在从激光器谐振腔的腔镜上加上压电陶瓷，压电陶瓷随着所加锯齿波电压的大小发生相应伸缩变化，从而使得从激光器谐振腔腔长发生改变，这样从激光器就有了周期变化的固有谐振频率。种子光频率与从激光器固有谐振频率相同时，种子光将在从激光器谐振腔内发生干涉，利用一个探测器实时探测种子光的干涉信号，当探测器探测到种子光的谐振峰时，即表示种子光与从激光器固有谐振频率实现模式匹配。此谐振信号经过延时后控制 Q 开关开始工作，使从激光器从种子光振荡基础上建立激光振荡，从而实现从激光器注入锁频，时序控制如图 6-3 所示。

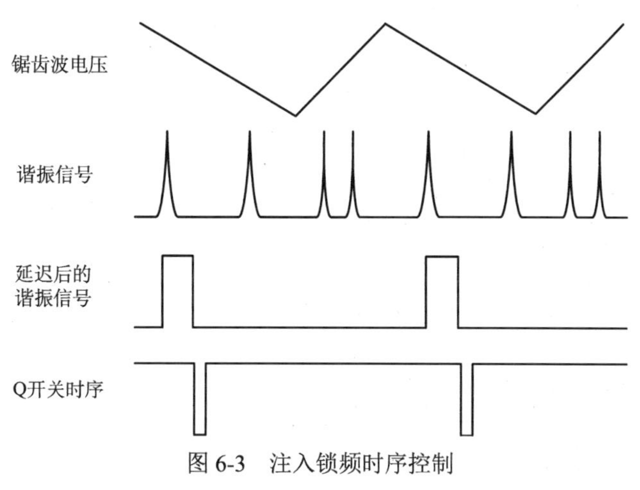

图 6-3　注入锁频时序控制

6.2　注入锁频激光器结构组成

典型的注入锁频激光器主要是由单频种子激光器、脉冲运转从激光器、注入耦合系统等结构组成。

6.2.1　单频种子激光器

种子激光器实现单频运转的典型方式是通过在驻波腔中加入 F-P 标准具的方式[7]，这种激光器具有结构简单、价格便宜的特点，典型实验装置如图 6-4 所示，在驻波腔结构中，加入一个或多个不同参数的 F-P 标准具，实现单频激光输出。

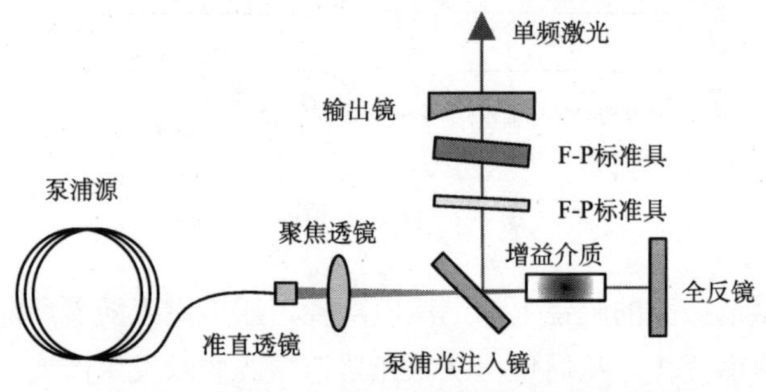

图 6-4　典型的内腔 F-P 单频激光器实验装置

腔内加入 F-P 标准具获得单频激光的原理如图 6-5 所示。谐振腔内纵模间隔和数量由谐振腔的腔长决定，F-P 标准具的透射曲线由其介质材料的折射率、反

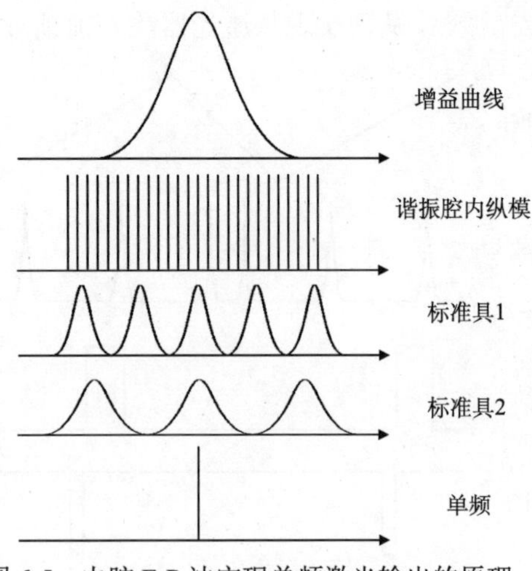

图 6-5　内腔 F-P 法实现单频激光输出的原理

射率和厚度决定，改变 F-P 标准具的角度，当腔内某个单一纵模刚好落在激光介质增益曲线的最大值与 F-P 标准具的最大透射峰处，则该纵模在腔内的损耗最小，其他纵模损耗过大被抑制掉，因此输出单频激光。其他获得单频激光的方法还有微片法[8]、耦合腔法[9,10]、扭转模法[11]、非平面环形腔法[12,13]、环形腔单向法[14-16]等。

6.2.2　脉冲运转从激光器

脉冲运转从激光器根据结构的不同，又分为环形腔和直腔两种结构。

环形腔结构的注入锁频激光器如图 6-6 所示，单频运转的种子光通过注入耦合系统后，注入调 Q 从激光器中，通过电学伺服系统，控制 Q 开关打开的时间，从而获得单频、宽脉宽的注入锁频激光输出。

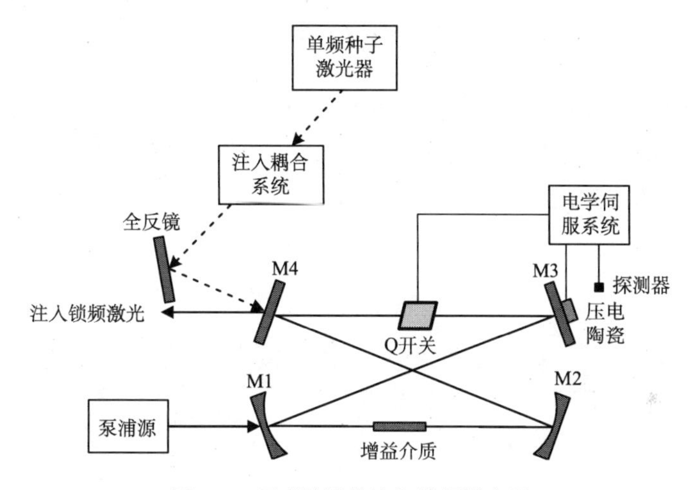

图 6-6　环形腔结构注入锁频激光器

从激光器采用环形腔结构，可以利用自由运转的环形腔双向输出的特点，选择一个输出方向作为种子激光的注入方向，则该方向运转的振荡光模式竞争能力增强，有利于环形腔激光器实现单向输出。另外，环形腔相比于直腔，腔长更长，有利于获得长脉宽的激光输出。环形腔从激光器可以是三镜、四镜、六镜甚至多镜的结构，腔长可以增长，从而满足注入锁频激光器对激光脉宽的要求，图 6-7 中箭头 1 方向为种子光注入方向，箭头 2 为注入锁频激光输出方向，与此同时，还要综合考虑腔镜增多、腔长增长对激光器稳定性、种子光损耗等的影响，从而设计出合适的环形腔从激光器。

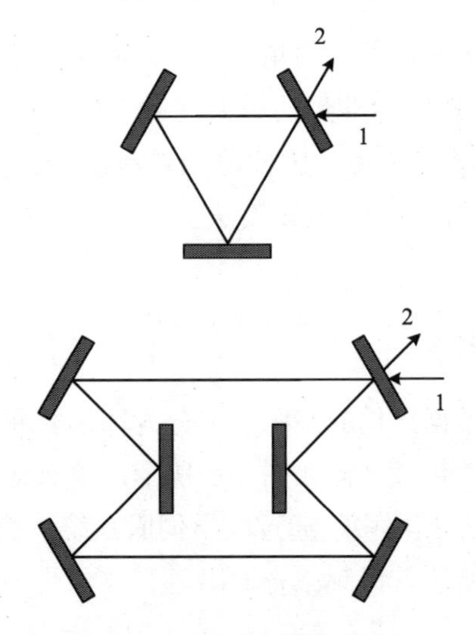

图 6-7 环形腔从激光器结构

直腔结构的注入锁频激光器如图 6-8、图 6-9 所示，种子光和从激光器的振荡光间通过注入耦合系统实现模式匹配，配合电学伺服系统，控制 Q 开关工作，实现单频、调 Q 激光输出。

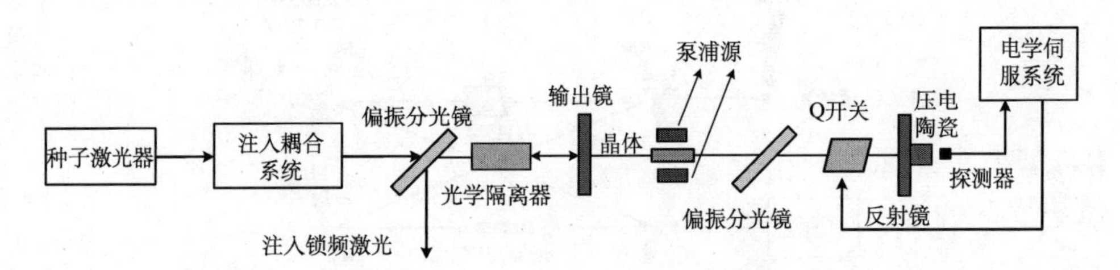

图 6-8 直腔结构注入锁频激光器——输出镜注入

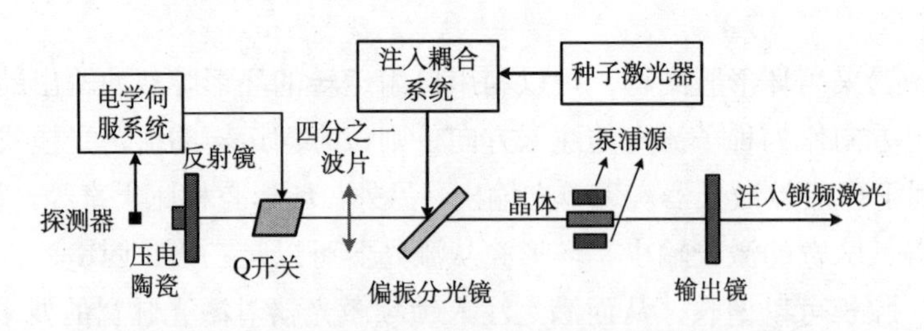

图 6-9 直腔结构注入锁频激光器——偏振片注入

从激光器采用直腔结构，相比于环形腔结构，更加紧凑、组件少、效率高。典型直腔结构的注入锁频激光器如图 6-8 所示，由于种子光的注入方向和注入锁频激光器的输出方向反向重合，因此，需要利用种子光和从激光器的偏振特性来实现注入锁频。种子光的注入方式除了如图 6-8 所示，通过从激光器的输出镜注入，利用偏振片反射出注入锁频激光，还可以通过直腔中的偏振片注入种子光，如图 6-9 所示，这种注入方式下种子光的损耗较小，直腔的输出镜用于输出注入锁频激光。

6.2.3　注入耦合系统

注入耦合系统的作用，除了使得种子光和从激光器振荡光间满足模式匹配外，还要避免从激光器的激光进入种子激光器，干扰种子激光器的工作，使种子激光器不能输出单纵模，甚至损坏种子激光器，因此针对注入耦合系统的设计十分重要，是成功实现注入锁频激光输出的关键。通常注入耦合系统包含全反镜、变换透镜、波片和光学隔离器。全反镜用于调节种子光的注入方向，使得种子光和从激光器振荡光光路重合；变换透镜用于改变种子光的光斑大小及束腰位置，使得种子光和从激光器振荡光间满足横向模式匹配；波片和光学隔离器配合使用，用于避免从激光器的激光沿着耦合光路返回种子激光器中，影响种子激光器的正常运转。光学隔离器包括法拉第隔离器、电光隔离器、可饱和吸收隔离器等，其中最常用的为法拉第隔离器。图 6-10 所示为二分之一波片和磁致旋光的法拉第隔离器组成的结构，用于实现种子光单向注入。

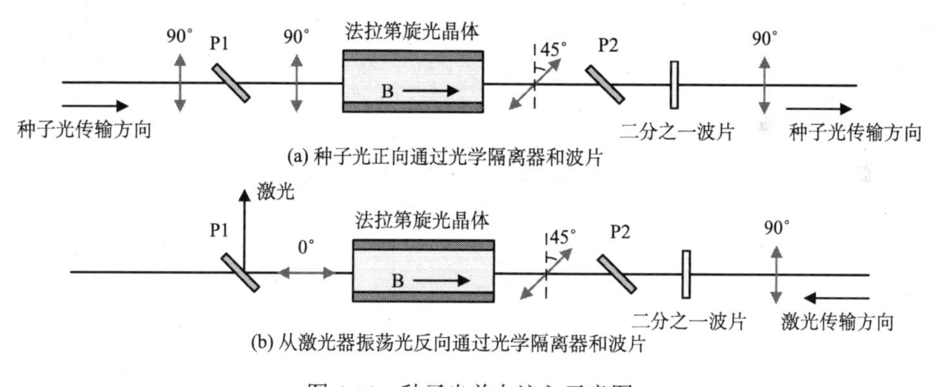

图 6-10　种子光单向注入示意图

基于磁致旋光效应的法拉第光学隔离器由两个偏振片 P1、P2 和法拉第旋光晶体组成。旋光晶体周围加磁场，正向和反向入射旋光晶体的特定波长激光，激光的偏振方向均往同一方向改变相同角度(角度的大小由旋光晶体长度和施加磁场强度决定)。如图 6-10(a)所示，一束偏振方向为 90°的线偏振种子光，低损耗地通过偏振片 P1 后(入射光的偏振方向与 P1 的偏振方向相同)，偏振态不变，之后入射旋光晶体，出射光的偏振方向向右(左)旋 45°，该偏振方向的激光能够低损耗地通过偏振片 P2(激光偏振方向与 P2 的偏振方向相同)，出射偏振片 P2 的激光入射二分之一波片，出射光偏振方向向左(右)旋 45°，因此种子光的偏振方向变回 90°，注入从激光器谐振腔中。如图 6-10(b)所示，一束来自从激光器的偏振方向为 90°的振荡光，沿着耦合光路返回，首先通过二分之一波片，光的偏振方向向右(左)旋转 45°，再次通过偏振片 P2 后入射旋光晶体，出射光偏振方向再次向右(左)旋转 45°，出射光偏振方向变为 0°，经偏振片 P1 后反射出耦合光路，从而避免了从激光器的振荡光返回种子激光器中。

6.3　注入锁频激光器在大气风场监测中的应用

大气的风场时刻都会影响着人类的工作生活，精确的风场测量能够为气象预报、提高航空安全性和军事环境预报等提供参考依据。表 6-1 列举了相干测风雷达的几个重要发展阶段。以 2μm 注入锁频激光器作为相干测风雷达的发射源，相比于传统的 10.6μm CO_2 激光器，激光线宽可以更窄，更有利于提高测风雷达的精度。此外，2μm 波段处于人眼安全波段，大气吸收小，可实现远距离探测。目前实际应用 2μm 波段注入锁频激光器在相干多普勒测风雷达系统中的仅有美国、法国、日本等少数国家，我国从 20 世纪 90 年代开始对 2μm 注入锁频激光器进行了原理验证与实验测试，研究单位有哈尔滨工业大学、上海光学精密机械研究所、北京理工大学等。

表 6-1　相干测风雷达的几个重要发展阶段

发展阶段/激光源	研究人员/年份	研究水平	特点
第一阶段/10.6μm CO_2 激光器	R. M. Huffaker/1970	第一台连续 CO_2 相干探测系统，测量距离 35m[17]	优点：技术成熟、输出波长长、功率高。缺点：一般只探测几百米以内的范围，且体积大、成本高、寿命短
	M. J. Post/1982	第一代脉冲激光测风系统，探测高度 10～20km[18]	
	J. Rothermel/1998	速度分辨率达 1m/s[19]	
第二阶段/1.06μm 掺 Nd^{3+} 固体激光器	T. J. Kane/1987	大气中测量距离 600m，对空可测 2.7km 高度的云层[20]	优点：固体激光器大大拓展了雷达的应用范围。缺点：波长较短，不利于人眼安全
	M. J. Kavaya/1989	测得的视线最大风速在 10m/s，最小风速在 5m/s[21]	

续表

发展阶段/激光源	研究人员/年份	研究水平	特点
第三阶段/1.55μm 掺 Er^{3+}固体激光器	T. Yanagisawa/2001	激光重频15Hz，脉冲能量10.9mJ，脉宽 228ns[22]	优点：人眼安全，大气透过率高。缺点：可供选择的工作物质较少，激光峰值功率仅能满足近距离测风需求
	V. Philippov/2004	激光重频4kHz，脉冲能量0.29mJ，脉宽 100ns[23]	
第四阶段/2μm 掺 Tm^{3+}、Ho^{3+}固体激光器	S. W. Henderson/1991	第一台 2μm 固体激光器，能量20mJ，探测高度 25km[24]	优点：人眼安全，大气吸收小，增益介质的选择空间大
	S. W. Henderson/1993	激光重频600Hz，脉冲能量1.5mJ，探测高度 5km[25]	
	G. J. Koch/2007	激光重频 5Hz，脉冲能量 100mJ，脉宽 140ns[26]	

测量大气风场，实际是上发射出的激光遇到大气中气溶胶分子，采集气溶胶分子的后向散射信号，从而得到风场的数据。发射激光的线宽和频率稳定度直接影响测风的精度，激光能量和重频直接影响着测风距离和风向测量精度，激光脉宽则影响着距离分辨率。因此，利用注入锁频技术，获得高稳定度、窄线宽、大能量的脉冲单频激光光源对于测量风场具有重要的意义。典型的相干多普勒测风雷达包含激光光源发射系统、光学天线单元及信号处理单元，如图 6-11 所示。发射光源和回波信号通过偏振片形成共轴。光学天线单元由收发望远镜构成，信号处理单元由信号采集卡和数据处理的电脑构成。单频脉冲激光器发出的一束信号光，经望远镜系统发射后进入大气中，大气中的气溶胶散射回来带有频移信号

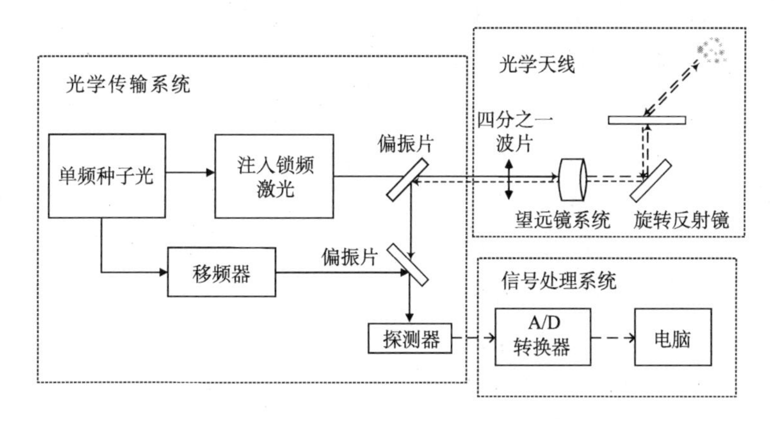

图 6-11　风速测量系统光路原理图

的光，被光学望远镜收集聚焦经偏振片反射入探测器，另一束光为经过移频器后的单频种子光，通过偏振片反射后入射探测器，两束光在探测器上发生混频，光信号转成电信号后，被采集卡采集到电脑里处理，得到风速、风向等信息。

6.4 注入锁频激光器在大气温室气体检测中的应用

可调谐的2μm波段注入锁频激光器，涵盖了二氧化碳和水汽的吸收峰[27]，这两种气体是大气中主要的温室气体，其中水汽产生的温室效应占整体温室效应的60%～70%，次之为二氧化碳，约占26%。利用2μm注入锁频激光器作为差分吸收雷达的发射源，可用于测量大气中二氧化碳和水汽的浓度，更加精准地监测两者浓度的变化对于全球变暖的影响。

1966年，美国密歇根大学的Schotland首次提出了差分吸收雷达的概念，即利用发射出的激光束对待测气体分子的吸收特性来测量其浓度[28]。1983年，Baker研制了波长为10.2μm的CO_2差分吸收雷达，用于测量大气中的H_2O分子含量，测量高度达到1.5km[29]。1991年，美国的Cha等研制了2.1μm波段的差分吸收雷达，激光工作介质为Ho:YSGG，用于测量大气中气溶胶的后向散射和水蒸气浓度分布曲线，激光单脉冲能量达到10mJ，探测距离为1km，探测精度较差[30]。2004年，美国NASA研究中心的Koch等研制了测量CO_2浓度的差分吸收雷达系统，发射激光波长2.05μm，激光重频5Hz，单脉冲能量600mJ，最大探测距离可达2.8km[31]。2006年，法国的Gibert等利用2μm波段差分吸收雷达，测量大气中CO_2浓度，激光重频5Hz，单脉冲能量10mJ，脉宽230ns，测量精度达1%[32]。2015年，Refaat等研制了一台2.05μm的差分吸收雷达，用于检测大气中的CO_2和水蒸气浓度，激光重频50Hz，单脉冲能量为50mJ，脉宽30ns[33]。

综上所述，由于2μm波段具有独特的优势，随着2μm波段激光光源的不断发展，已成功应用于2μm波段差分吸收雷达中，用于测量CO_2分子或H_2O分子浓度。其基本工作原理是：2μm注入锁频激光器首先发射出两束波长相近的激光，其中一束激光的中心波长处于被测气体的吸收峰，同时激光线宽在被测气体的吸收带内，这束激光对待测气体的吸收强度既不能太弱也不能太强，如果吸收太弱，那么就难以分析出待测气体的浓度，如果吸收太强，那么回波信号就会很弱；另一束发射出的激光中心波长要求偏离被测气体的吸收峰。这两束激光经望远镜系统同时发射出去后进入大气中，回波信号再经望远镜系统入射探测器，此时认为气溶胶和其他非待测气体对两束光的消光基本一致，通过对比两束回波信号光的强度和时间，推测得出待测气体的浓度信息。通过在水平和垂直的各个方向上多次测量，可以得到待测气体浓度的二维或三维空间分辨数据。

参 考 文 献

[1] 蓝信钜, 等. 激光技术[M]. 3 版. 北京: 科学出版社, 2009.

[2] Ganiel U, Hardy A, Treves D. Analysis of injection locking in pulsed dye laser systems[J]. IEEE Journal of Quantum Electronics, 1976, 12(11): 704-716.

[3] Kurtz R M, Pradhan R D, Tun N, et al. Mutual injection locking: A new architecture for high-power solid-state laser arrays[J]. IEEE Journal of Quantum Electronics, 2005, 11(3): 578-586.

[4] Barnes N P, Barnes J C. Injection seeding I: Theory[J]. IEEE Journal of Quantum Electronics, 1993, 29 (10): 2670-2683.

[5] 克希耐尔 W. 固体激光工程[M]. 孙文, 江泽文, 程国祥, 译. 北京: 科学出版社, 2002.

[6] Hanna D C, Luther-Davies B, Smith R C. Single longitudinal mode selection of high power actively Q-switch laser[J]. Opto-electronics, 1972, 4(3): 249-256.

[7] Scholle K, Heumann E, Huber G. Single mode Tm and Tm, Ho:LuAG lasers for lidar applications[J]. Laser Physics Letters, 2004, 1(6): 285-290.

[8] Izawa J, Nakajima H, Hara H, et al. A tunable and longitudinal mode oscillation of a Tm, Ho:YLF microchip laser using an external etalon[J]. Optics Communications, 2000, 180(1-3): 137-140.

[9] Izawa J, Nakajima H, Hara H , et al. Comparison of lasing performance of Tm, Ho: YLF lasers by use of single and double cavities[J]. Applied Optics, 2000, 39(15): 2418-2421.

[10] Nagasawa C, Sakaizawa D, Hara H, et al. Lasing characteristics of a CW Tm, Ho: YLF double cavity microchip laser[J]. Optics Communications, 2004, 234(1-6): 301-304.

[11] Evtuhov V, Siegman A E. A “twisted-mode” technique for obtaining axially uniform energy density in a laser cavity[J]. Applied Optics, 1965, 4(1): 142-143.

[12] Kane T J, Byer R L. Monolithic, unidirectional single-mode Nd: YAG ring laser[J]. Optics Letters, 1985, 10(2): 65-67.

[13] Yao B Q, Duan X M, Fang D, et al. 7.3 W of single-frequency output power at 2.09μm from an Ho: YAG monolithic nonplanar ring laser[J]. Optics Letters, 2008, 33(18): 2161-2163.

[14] Clobes A R, Brienza M J. Single-frequency traveling-wave Nd: YAG laser[J]. Applied Physics Letters, 1972, 21(6): 265-267.

[15] Shen D Y, Clarkson W A, Cooper L J, et al. Efficient single-axial-mode operation of a Ho: YAG ring laser pumped by a Tm-doped silica fiber laser[J]. Optics Letters, 2004, 29(20): 2396-2398.

[16] Thompson B A, Minassian A, Damzen M J. Unidirectional single-frequency operation of a Nd:YVO_4 ring laser with and without a Faraday element[J]. Applied Optics, 2004, 43(15): 3174-3177.

[17] Huffaker R M. Laser Doppler detection system for gas velocity measurement[J]. Applied Optics, 1970, 9(5): 1026-1039.

[18] Post M J, Richter R A, Hardesty R M. National Oceanic and Atmospheric Administration's (NOAA) Pulsed, Coherent, Infrared Doppler Lidar—Characteristics and Data [C]. Proceedings of Physics and Technology of Coherent Infrared Radar I, 1982, 300: 60-65.

[19] Rothermel J, Olivier L, Banta R, et al. Remote sensing of multi-level wind fields with high-energy airborne scanning coherent Doppler lidar[J]. Optics Express, 1998, 2(2): 40-50.

[20] Kane T J, Kozlorsky W J, Byer R L. Coherent laser radar at 1.06 μm using Nd: YAG lasers[J]. Optics Letters, 1987, 12(4): 239-242.

[21] Kavaya M J, Henderson S W, Magee J R, et al. Remote wind profiling with a solid-state Nd:YAG coherent lidar system[J]. Optics Letters, 1989, 14(15): 776-778.

[22] Yanagisawa T, Asaka K, Hamazu K, et al. 11-mJ, 15-Hz single-frequency diobe-pumped Q-switched Er, Yb: phosphate glass laser[J]. Optics Letters, 2001, 26(16): 1262-1264.

[23] Philippov V, Codemard C, Jeong Y. High-energy in-fiber pulse amplification for coherent lidar applications[J]. Applied Optics, 2004, 29(22): 2590-2592.

[24] Henderson S W, Hale C P, Magee J R, et al. Eye-safe coherent laser radar system at 2.1 μm using Tm, Ho: YAG lasers[J]. Optics Letters, 1991, 16(10): 773-775.

[25] Henderson S W, Suni P J M, Hale C P, et al. Coherent laser radar at 2 μm using solid-state lasers[J]. IEEE Transactions on Geoscience and Remote Sensing, 1993, 31(1): 4-15.

[26] Koch G J, Beyon J Y, Barnes B W, et al. High-energy 2 μm Doppler lidar for wind measurements[J]. Optical Engineering, 2007, 46(11): 116201.

[27] Scholle K, Lamrini S, Koopmann P, et al. 2 μm laser sources and their possible applications[A]//Frontiers in Guided Wave Optics and Optoelectronics, London: IntechOpen, 2010.

[28] Schotland R M. Some observations of the vertical profile of water vapor by means of a laser optical radar[C]. In Proceedings of the Fourth Symposium on Remote Sensing of Environment, Michigan, 1966: 273-283.

[29] Baker P W. Atmospheric water vapor differential absorption measurements on vertical paths with a CO_2 lidar[J]. Applied Optics, 1983, 22(15): 2257-2264.

[30] Cha S, Chan K P, Killinger D K. Tunable 2.1-μm Ho lidar for simultaneous range-resolved measurements of atmospheric water vapor and aerosol backscatter profiles[J]. Applied Optics, 1991, 30(27): 3938-3943.

[31] Koch G J, Barnes B W, Petros M, et al. Coherent differential absorption lidar measurements of CO_2[J]. Applied Optics, 2004, 43(26): 5092-5099.

[32] Gibert F, Flamant P H, Bruneau D, et al. Two-micrometer heterodyne differential absorption lidar measurements of the atmospheric CO_2 mixing ratio in the boundary layer[J]. Applied

Optics, 2006, 45(18): 4448-4458.

[33] Refaat T F, Singh U N, Yu J, et al. Evaluation of an airborne triple-pulsed 2 μm IPDA lidar for simultaneous and independent atmospheric water vapor and carbon dioxide measurements[J]. Applied Optics, 2015, 54(6): 1387-1398.

第 7 章　非高斯关联部分相干光束在大气光通信中的应用

激光空间通信因具有高带宽、高速度、高保真和低误码率等优点受到广泛的关注。除了自由空间光通信，激光通信在以激光为载波的激光雷达、遥感等领域也具有一定的优势。随着激光技术的迅速发展，激光雷达系统被用于空气中污染物的检测、地球大气的监测、冰层的融化等各类生态环境领域。在这些应用中，激光传输以自由空间或大气作为信息通道，大气中的分子和微粒以及湍流效应不可避免地会降低光束的传输质量，严重影响系统性能。然而，基于相干性调控构建的非高斯关联部分相干光束经湍流介质传输时，相比于一般的高斯光束，具有更小的光强闪烁和漂移，在激光通信中有着巨大的应用前景，在气候研究、环境保护、灾难预警等方面发挥着重要作用。

本章分三部分来介绍非高斯关联部分相干光束在大气光通信中的应用，具体包括部分相干理论、非高斯关联部分相干光束模型及多 sinc 谢尔模光束在大气湍流中的传输特性。

7.1　部分相干理论

部分相干光束是指相干长度在零和无穷大之间的光束。在对这类光束进行研究时，一般采用统计光学的方法。部分相干理论最早可推溯至 1865 年 Verdet 等对一个扩展光源的光场相干区域大小的研究。Michelson、van Cittert、Zernike、von Laue 等科学家的研究工作大大推动了部分相干理论的发展。近年来，Gori 和 Wolf 等对部分相干理论的深入研究为部分相干光的发展做出了重要贡献[1-3]。当研究光束的传输特性时，一般认为传输过程中偏振特性随传输距离的增加变化不大，所以通常在研究光束的相干特性时，忽略偏振特性的改变。然而，在对部分相干光束相干特性和偏振特性的研究过程中发现，光束的偏振特性会随着传播距离的增加而相应发生改变，即光束的相干特性与偏振特性间相互联系[4-6]。随后，Gori 于 2001 年提出了用来表征空间-时间域矢量部分相干光束的相干偏振矩阵[7]。2003 年，Wolf 提出了利用 2×2 的交叉谱密度矩阵来描述空间-

频率域内的矢量部分相干光束的统计特性[8]。至此，研究部分相干光束的相干偏振统一理论基本形成。

7.1.1　互相干函数

在空间-时间域内，光场的相干特性由互相干函数来表征。考虑一个统计稳定、各态遍历的随机光场，$\boldsymbol{r}_1$ 和 $\boldsymbol{r}_2$ 表示光场中任意两点的位置矢量，$E(\boldsymbol{r}_1,t)$ 和 $E(\boldsymbol{r}_2,t+\tau)$ 表示空间位置为 $\boldsymbol{r}_1$ 和 $\boldsymbol{r}_2$ 的两点在时刻 t 和 $t+\tau$ 时的光场分布，则互相干函数为

$$\Gamma(\boldsymbol{r}_1,\boldsymbol{r}_2,\tau)=\left\langle E(\boldsymbol{r}_1,t)E^*(\boldsymbol{r}_2,t+\tau)\right\rangle=\lim_{T\to\infty}\frac{1}{2T}\int_{-T}^{T}E(\boldsymbol{r}_1,t)E^*(\boldsymbol{r}_2,t+\tau)\mathrm{d}t \tag{7-1}$$

平均光强为

$$I(\boldsymbol{r})=\Gamma(\boldsymbol{r},\boldsymbol{r},0)=\left\langle E(\boldsymbol{r},t)E^*(\boldsymbol{r},t)\right\rangle \tag{7-2}$$

对互相干函数进行归一化得

$$\gamma(\boldsymbol{r}_1,\boldsymbol{r}_2,\tau)=\frac{\Gamma(\boldsymbol{r}_1,\boldsymbol{r}_2,\tau)}{\sqrt{I(\boldsymbol{r}_1)I(\boldsymbol{r}_2)}} \tag{7-3}$$

$\gamma(\boldsymbol{r}_1,\boldsymbol{r}_2,\tau)$ 的取值范围为[0，1]。当取值为 1 时，代表完全相干光场；当取值为 0 时，代表完全非相干光场；当取值为其他数值时，代表部分相干光场。

对于准单色光场，可以用互强度 $J(\boldsymbol{r}_1,\boldsymbol{r}_2)$ 来描述光场的空间相干性，归一化的互强度为

$$\gamma(\boldsymbol{r}_1,\boldsymbol{r}_2)=\frac{J(\boldsymbol{r}_1,\boldsymbol{r}_2)}{\sqrt{J(\boldsymbol{r}_1,\boldsymbol{r}_1)J(\boldsymbol{r}_2,\boldsymbol{r}_2)}}=\frac{J(\boldsymbol{r}_1,\boldsymbol{r}_2)}{\sqrt{I(\boldsymbol{r}_1)I(\boldsymbol{r}_2)}} \tag{7-4}$$

在傍轴近似条件下，可以采用 ABCD 传输矩阵来表征互强度的传输。传输距离 z 处横截面上光场的互强度分布为

$$\begin{aligned}J(\boldsymbol{\rho}_1,\boldsymbol{\rho}_2,z)=&\left(\frac{k}{2\pi B}\right)^2\exp\left[-\frac{\mathrm{i}kD}{2B}\left(\boldsymbol{\rho}_1^2-\boldsymbol{\rho}_2^2\right)\right]\iiiint_{-\infty}^{\infty}J(\boldsymbol{r}_1,\boldsymbol{r}_2,0)\\&\times\exp\left[-\frac{\mathrm{i}kA}{2B}\left(\boldsymbol{r}_1^2-\boldsymbol{r}_2^2\right)\right]\exp\left[\frac{\mathrm{i}k}{B}\left(\boldsymbol{\rho}_1\cdot\boldsymbol{r}_1-\boldsymbol{\rho}_2\cdot\boldsymbol{r}_2\right)\right]\mathrm{d}^2\boldsymbol{r}_1\mathrm{d}^2\boldsymbol{r}_2\end{aligned} \tag{7-5}$$

其中，$\boldsymbol{\rho}_1$、$\boldsymbol{\rho}_2$ 分别表示传输距离 z 处横截面上任意两点的矢量位置；A、B 和 D 为传输矩阵元素；$k=2\pi/\lambda$ 为波数。

7.1.2　交叉谱密度

交叉谱密度是描述光场在空间-频率域内相干特性的物理量，其定义为

$$W(\boldsymbol{r}_1,\boldsymbol{r}_2,\omega)=\left\langle \tilde{E}(\boldsymbol{r}_1,\omega)\tilde{E}^*(\boldsymbol{r}_2,\omega)\right\rangle =\frac{1}{N}\sum_{n=1}^{N}\tilde{E}_n(\boldsymbol{r}_1,\omega)\tilde{E}_n^*(\boldsymbol{r}_2,\omega) \tag{7-6}$$

其中，$\tilde{E}(\boldsymbol{r}_1,\omega)$为时域时场$E(\boldsymbol{r}_i,\tau)$的傅里叶变换，因此互相干函数和交叉谱密度是一对傅里叶变换对

$$W(\boldsymbol{r}_1,\boldsymbol{r}_2,\omega)=\int_{-\infty}^{\infty}\Gamma(\boldsymbol{r}_1,\boldsymbol{r}_2,\tau)\exp(\mathrm{i}\omega\tau)\mathrm{d}\tau \tag{7-7}$$

$$\Gamma(\boldsymbol{r}_1,\boldsymbol{r}_2,\tau)=\frac{1}{2\pi}\int_{-\infty}^{\infty}W(\boldsymbol{r}_1,\boldsymbol{r}_2,\omega)\exp(-\mathrm{i}\omega\tau)\mathrm{d}\omega \tag{7-8}$$

令$\boldsymbol{r}_1=\boldsymbol{r}_2=\boldsymbol{r}$，则光场的光谱密度$S(\boldsymbol{r},\omega)=W(\boldsymbol{r},\boldsymbol{r},\omega)$。光场的光谱相干度可由交叉谱密度表示如下：

$$\mu(\boldsymbol{r}_1,\boldsymbol{r}_2,\omega)=\frac{W(\boldsymbol{r}_1,\boldsymbol{r}_2,\omega)}{\sqrt{S(\boldsymbol{r}_1,\omega)S(\boldsymbol{r}_2,\omega)}} \tag{7-9}$$

同样地，光谱相干度绝对值的取值范围在 0 和 1 之间(包含 0 和 1)。

另外，交叉谱密度还是 Helmholtz 方程组的解

$$\nabla_i^2W(\boldsymbol{r}_1,\boldsymbol{r}_2,\omega)+k^2W(\boldsymbol{r}_1,\boldsymbol{r}_2,\omega)=0,\quad i=1,2 \tag{7-10}$$

若研究光场可近似认为是准单色光场，$\tilde{E}(\boldsymbol{r},\omega)=E(\boldsymbol{r})\exp(\mathrm{i}\omega t)$，交叉谱密度的表达式可进一步简化为

$$W(\boldsymbol{r}_1,\boldsymbol{r}_2)=\left\langle \tilde{E}(\boldsymbol{r}_1,\omega)\tilde{E}^*(\boldsymbol{r}_2,\omega)\right\rangle=\left\langle E(\boldsymbol{r}_1)E(\boldsymbol{r}_2)\right\rangle \tag{7-11}$$

交叉谱密度和互强度都可以用来表征光场的空间相干性，但是两者所具有的物理意义是不同的。只有在可近似认为是准单色光场的情况下，才可以采用互强度来表征光场，而交叉谱密度没有这个条件的限制。若采用$W(\boldsymbol{\rho}_1,\boldsymbol{\rho}_2,z,\omega)$表示传播距离 z 平面处光场的交叉谱密度，$W(\boldsymbol{r}_1,\boldsymbol{r}_2,0,\omega)$表示初始平面光场的交叉谱密度，在满足傍轴近似时，也可以采用 ABCD 传输矩阵法来计算交叉谱密度的传输方程，具体表达式如下：

$$W(\boldsymbol{\rho}_1,\boldsymbol{\rho}_2,z,\omega)=\left(\frac{k}{2\pi B}\right)^2\exp\left[-\frac{\mathrm{i}kD}{2B}(\boldsymbol{\rho}_1^2-\boldsymbol{\rho}_2^2)\right]\iiiint_{-\infty}^{\infty}W(\boldsymbol{r}_1,\boldsymbol{r}_2,0,\omega)\times\exp\left[-\frac{\mathrm{i}kA}{2B}(\boldsymbol{r}_1^2-\boldsymbol{r}_2^2)\right]\exp\left[\frac{\mathrm{i}k}{B}(\boldsymbol{\rho}_1\cdot\boldsymbol{r}_1-\boldsymbol{\rho}_2\cdot\boldsymbol{r}_2)\right]\mathrm{d}^2\boldsymbol{r}_1\mathrm{d}^2\boldsymbol{r}_2 \tag{7-12}$$

7.1.3　部分相干偏振统一理论

2003 年，Wolf 提出了部分相干偏振统一理论[8]。该理论同时考虑光束的相干特性和偏振特性，揭示了两者之间的联系，为矢量部分相干光束的研究提供了便利。统一理论给出，在傍轴传输系统中可采用一个 2×2 阶交叉谱密度矩阵来描述光场的相干特性和偏振特性，定义如下：

$$\vec{\boldsymbol{W}}\left(\boldsymbol{r}_1,\boldsymbol{r}_2,z;\omega\right)\equiv\begin{bmatrix} W_{xx}\left(\boldsymbol{r}_1,\boldsymbol{r}_2,z;\omega\right) & W_{xy}\left(\boldsymbol{r}_1,\boldsymbol{r}_2,z;\omega\right) \\ W_{yx}\left(\boldsymbol{r}_1,\boldsymbol{r}_2,z;\omega\right) & W_{yy}\left(\boldsymbol{r}_1,\boldsymbol{r}_2,z;\omega\right) \end{bmatrix} \tag{7-13}$$

其中

$$W_{ij}\left(\boldsymbol{r}_1,\boldsymbol{r}_2,z;\omega\right)=\left\langle E_i\left(\boldsymbol{r}_1,z;\omega\right)E_j^*\left(\boldsymbol{r}_2,z;\omega\right)\right\rangle,\quad i=x,y;j=x,y \tag{7-14}$$

其中，$\boldsymbol{r}_1=\left(\boldsymbol{x}_1,\boldsymbol{y}_1\right)$ 和 $\boldsymbol{r}_2=\left(\boldsymbol{x}_2,\boldsymbol{y}_2\right)$ 为距离 z 处横截面上任意两点的位置矢量，$E_i\left(\boldsymbol{r}_1,z;\omega\right)$ $E_j^*\left(\boldsymbol{r}_2,z;\omega\right)$ 中的下标 i 和 j 表示与传播轴 z 垂直的平面上两个互相垂直的电场分量。光场中任意两点 $\boldsymbol{r}_1=\left(\boldsymbol{x}_1,\boldsymbol{y}_1\right)$ 和 $\boldsymbol{r}_2=\left(\boldsymbol{x}_2,\boldsymbol{y}_2\right)$ 间的光谱相干度为

$$\eta\left(\boldsymbol{r}_1,\boldsymbol{r}_2,z;\omega\right)=\frac{\mathrm{tr}\left[\vec{\boldsymbol{W}}\left(\boldsymbol{r}_1,\boldsymbol{r}_2,z;\omega\right)\right]}{\sqrt{\mathrm{tr}\left[\vec{\boldsymbol{W}}\left(\boldsymbol{r}_1,\boldsymbol{r}_1,z;\omega\right)\right]\mathrm{tr}\left[\vec{\boldsymbol{W}}\left(\boldsymbol{r}_2,\boldsymbol{r}_2,z;\omega\right)\right]}} \tag{7-15}$$

当 $\boldsymbol{r}_1=\boldsymbol{r}_2=\boldsymbol{r}$ 时，光场中任意点 $\boldsymbol{r}$ 处的偏振度为

$$P\left(\boldsymbol{r},z\right)=\sqrt{1-\frac{4\mathrm{Det}\left[\vec{\boldsymbol{W}}\left(\boldsymbol{r},\boldsymbol{r},z;\omega\right)\right]}{\mathrm{tr}\left[\vec{\boldsymbol{W}}\left(\boldsymbol{r},\boldsymbol{r},z;\omega\right)\right]^2}} \tag{7-16}$$

其中

$$\mathrm{Det}\left[\vec{\boldsymbol{W}}\left(\boldsymbol{r},\boldsymbol{r},z;\omega\right)\right]=W_{xx}\left(\boldsymbol{r},\boldsymbol{r},z;\omega\right)W_{yy}\left(\boldsymbol{r},\boldsymbol{r},z;\omega\right)-W_{xy}\left(\boldsymbol{r},\boldsymbol{r},z;\omega\right)W_{yx}\left(\boldsymbol{r},\boldsymbol{r},z;\omega\right) \tag{7-17}$$

$$\mathrm{tr}\left[\vec{\boldsymbol{W}}\left(\boldsymbol{r},\boldsymbol{r},z;\omega\right)\right]=W_{xx}\left(\boldsymbol{r},\boldsymbol{r},z;\omega\right)+W_{yy}\left(\boldsymbol{r},\boldsymbol{r},z;\omega\right) \tag{7-18}$$

其中，Det 表示矩阵的行列式：tr 表示矩阵的迹。光场的光谱密度为

$$S\left(\boldsymbol{r},z;\omega\right)\equiv\mathrm{tr}\left[\vec{\boldsymbol{W}}\left(\boldsymbol{r},\boldsymbol{r},z;\omega\right)\right] \tag{7-19}$$

傍轴近似条件下，自由空间中电磁部分相干光束的交叉谱密度矩阵的传输可由广义的惠更斯-菲涅耳定理表示如下：

$$W_{ij}(\boldsymbol{\rho}_1,\boldsymbol{\rho}_2,z;\omega)=\frac{k^2}{4\pi^2 z^2}\iiiint_{-\infty}^{\infty}W_{ij}(\boldsymbol{\rho}_1,\boldsymbol{\rho}_2,0;\omega)\times\exp\left\{-\frac{\mathrm{i}k}{2z}\left[(\boldsymbol{\rho}_1-\boldsymbol{r}_1)^2-(\boldsymbol{\rho}_2-\boldsymbol{r}_2)^2\right]\right\}\mathrm{d}^2\boldsymbol{r}_1\mathrm{d}^2\boldsymbol{r}_2 \tag{7-20}$$

7.2　非高斯关联部分相干光束模型

早期，部分相干光束的研究大多集中在关联结构分布呈高斯型的部分相干光束。但实际上，部分相干光束的关联结构分布并不只局限于高斯型。只是非高斯关联的部分相干光束数学模型的构建需要满足一定的限制条件，构建过程复杂又烦琐，自贝塞尔关联部分相干光束模型提出后，几十年内都没有新的非高斯关联的部分相干光束模型被提出。直至 2007 年，Gori 等给出设计非高斯关联的标量和矢量部分相干光束的充分条件[9,10]，许多非高斯关联的部分相干光束模型才陆续被提出。在非高斯关联结构的调控下，这些光束均呈现新颖的传输特性，如自聚焦、自平移、自分裂、自整形和自旋转等[11-15]。相比于传统的高斯谢尔模光束，非高斯关联的部分相干光束对湍流的抵抗力更强[16-19]。

7.2.1　非均匀厄米高斯相干光束模型

我们考虑一个稳态的标量光场。令 $\boldsymbol{\rho}_1$ 和 $\boldsymbol{\rho}_2$ 分别代表源平面两个空间点的位置，则该光源在源平面光场的空间相干特性可由空间-频率域的交叉谱密度函数 $W_0(\boldsymbol{\rho}_1,\boldsymbol{\rho}_2)$ 表征如下：

$$W_0(\boldsymbol{\rho}_1,\boldsymbol{\rho}_2)=\iint_{-\infty}^{\infty}p(\boldsymbol{v})K_0^*(\boldsymbol{\rho}_1,\boldsymbol{v})K_0(\boldsymbol{\rho}_2,\boldsymbol{v})\mathrm{d}^2\boldsymbol{v} \tag{7-21}$$

其中，$p(\boldsymbol{v})$ 为具有傅里叶变换形式的非负函数；$K_0(\boldsymbol{\rho},\boldsymbol{v})$ 为任意光学系统的传递函数。当传递函数 $K_0(\boldsymbol{\rho},\boldsymbol{v})=\tau(\boldsymbol{\rho})\exp(-\mathrm{i}c_0\boldsymbol{\rho}\cdot\boldsymbol{v})$ 时，所构建的部分相干光束为谢尔模型光束，这类光束的相干函数可表示为空间两点间距离差值的函数，远场强度轮廓与初始平面强度轮廓无关。当传递函数 $K_0(\boldsymbol{\rho},\boldsymbol{v})=\tau(\boldsymbol{\rho})\exp\left[-\mathrm{i}c_0(\boldsymbol{\rho}-\boldsymbol{\rho}_0)^2\boldsymbol{v}\right]$ 时，所构建的光束模型的相干函数与空间两点间位置差值的平方有关，将这类光束称为非均匀相干光束。当非负函数 $p(\boldsymbol{v})$ 选取不同时，对应可以构建许多不同类型的非均匀相干光束。

这里，我们选取非负函数和传递函数分别为[20]

$$p(\boldsymbol{v})=(\boldsymbol{v}/a)^{2n}\exp\left(-\boldsymbol{v}^2/a^2\right) \tag{7-22}$$

$$K_0\left(\boldsymbol{\rho},\boldsymbol{v}\right)=\exp\left(-\boldsymbol{\rho}^2/2\sigma^2\right)\exp\left[-\mathrm{i}k\left(\boldsymbol{\rho}-\boldsymbol{\rho}_0\right)^2\boldsymbol{v}\right] \tag{7-23}$$

其中，a 为正实常数；n 为正整数；$k=2\pi/\lambda$ 为波数，λ 为波长；σ 为束宽；$\boldsymbol{\rho}_0$ 为常量。将式(7-22)和式(7-23)代入式(7-21)，积分可得交叉谱密度函数为

$$W_0\left(\boldsymbol{\rho}_1,\boldsymbol{\rho}_2\right)=\exp\left(-\frac{\boldsymbol{\rho}_1^2+\boldsymbol{\rho}_2^2}{2\sigma^2}\right)\mu\left(\boldsymbol{\rho}_1,\boldsymbol{\rho}_2\right) \tag{7-24}$$

相干度

$$\mu\left(\boldsymbol{\rho}_1,\boldsymbol{\rho}_2\right)=\frac{1}{C}H_{2n}\left[\frac{\left(\boldsymbol{\rho}_1-\boldsymbol{\rho}_0\right)^2-\left(\boldsymbol{\rho}_2-\boldsymbol{\rho}_0\right)^2}{\delta^2}\right]\times\exp\left\{-\frac{\left[\left(\boldsymbol{\rho}_1-\boldsymbol{\rho}_0\right)^2-\left(\boldsymbol{\rho}_2-\boldsymbol{\rho}_0\right)^2\right]^2}{\delta^4}\right\} \tag{7-25}$$

其中，$C=(-1)^n(2n)!/n!$ 为归一化常数；$\delta=\sqrt{2/ka}$ 为光束的相干长度。由于该光束模型的相干度受厄米函数和高斯函数共同调控，因此将该交叉谱密度函数所表征的光束模型命名为非均匀厄米高斯相干光束。当 n=0 时，$H_{2n}=1$，式(7-24)表征非均匀相干光束。

选取光束参数：$\sigma=2\text{mm}$，$\delta=0.5\sigma$，$\boldsymbol{\rho}_0=0.3\sigma$。图 7-1 给出了不同阶次 n 时非均匀厄米高斯相干光束初始平面相干度分布。为了对比，图 7-1(a)为传统的高斯谢尔模光束的相干度分布，图 7-1(b)为非均匀相干光束的相干度分布。对于高斯谢尔模光束，其相干度分布只与空间两点相对位置有关，具有平移不变性，这是谢尔模型光束的典型特征。而对于非均匀相干光束和非均匀厄米高斯相干光束，其相干度分布与两点的空间位置有关，并且强度最大位置由常量 $\boldsymbol{\rho}_0$ 决定。由于 n 阶厄米多项式的调制，非均匀厄米高斯相干光束的相干度分布图中出现旁瓣，并且随着 n 的增加而变多(图 7-1(c)和(d))。

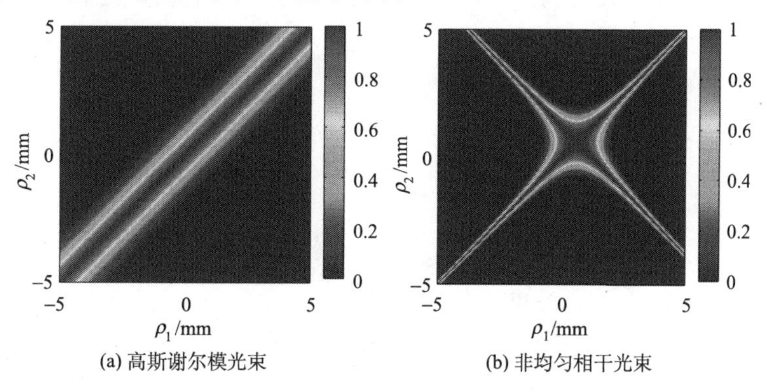

(a) 高斯谢尔模光束　　(b) 非均匀相干光束

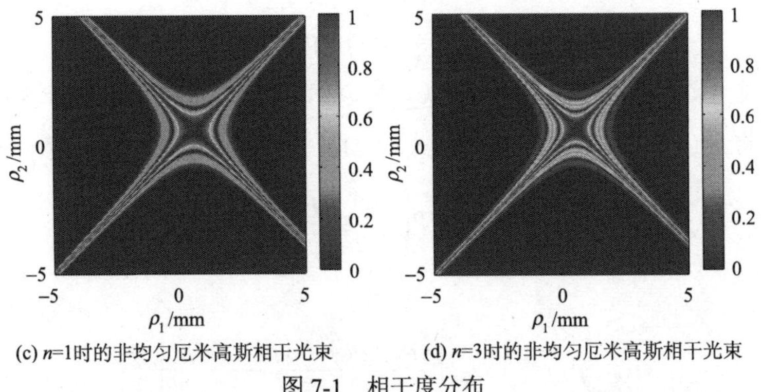

(c) n=1时的非均匀厄米高斯相干光束　(d) n=3时的非均匀厄米高斯相干光束

图 7-1　相干度分布

在傍轴近似下，部分相干光束在自由空间中的传输可由广义的惠更斯-菲涅耳原理进行研究。假设非均匀厄米高斯相干光束沿 z 轴正方向进行传输，其传输至距离 z 处时，交叉谱密度为

$$W(\boldsymbol{r}_1,\boldsymbol{r}_2,z)=\left(\frac{k}{2\pi z}\right)^2\iiiint_{-\infty}^{\infty}W_0(\rho_1,\rho_2)\exp\left[-\mathrm{i}k\frac{(\boldsymbol{r}_1-\rho_1)^2-(\boldsymbol{r}_2-\rho_2)^2}{2z}\right]\mathrm{d}^2\rho_1\mathrm{d}^2\rho_2 \tag{7-26}$$

将式(7-24)代入式(7-26)，并令 $\boldsymbol{r}_1=\boldsymbol{r}_2=\boldsymbol{\rho}$ ，积分可得输出面光谱强度为

$$S(\boldsymbol{\rho},z)=W(\boldsymbol{\rho},\boldsymbol{\rho},z)=\iint_{-\infty}^{\infty}p(\boldsymbol{v})\frac{\sigma^2}{\omega^2(\boldsymbol{v},z)}\exp\left[-\frac{(\boldsymbol{\rho}-2z\boldsymbol{v}\cdot\boldsymbol{\rho}_0)^2}{\omega^2(\boldsymbol{v},z)}\right]\mathrm{d}^2\boldsymbol{v} \tag{7-27}$$

$$\omega^2(\boldsymbol{v},z)=\frac{z^2}{k^2\sigma^2}+\sigma^2(2z\boldsymbol{v}-1)^2 \tag{7-28}$$

利用式(7-27)对非均匀厄米高斯相干光束在自由空间中的传输进行数值模拟。光束的初始参数选取： $\sigma=2\mathrm{mm}$ ， $\delta=0.5\sigma$ ， $\lambda=632.8\mathrm{nm}$ 。当光束参数 n 和 $\boldsymbol{\rho}_0$ 选取不同数值时，光谱强度随着传输距离演化的侧视图如图 7-2 所示。在厄米函数和高斯函数的共同调控下，非均匀厄米高斯光束在传输过程中呈现自聚焦

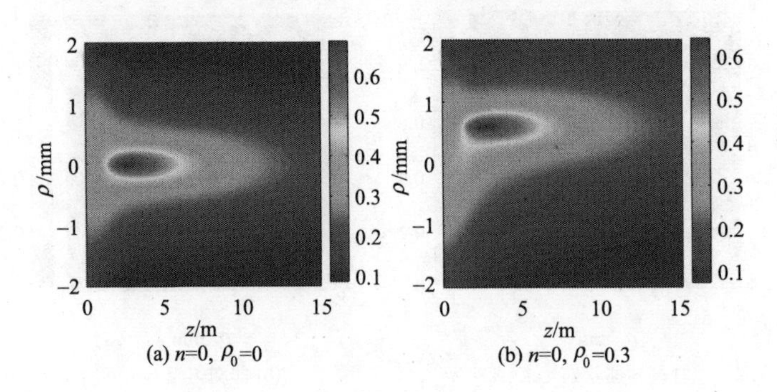

(a) n=0, ρ_0=0　(b) n=0, ρ_0=0.3

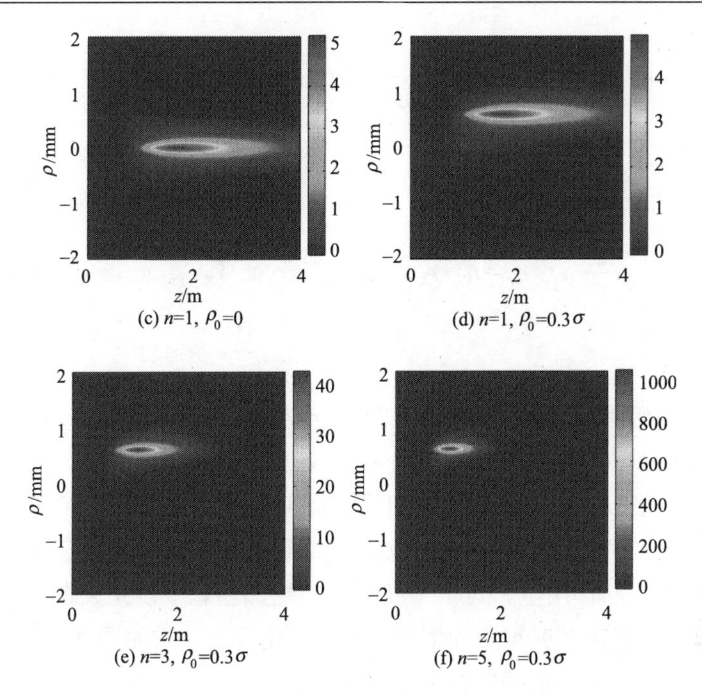

图 7-2 非均匀相干光束和非均匀厄米相干光束在自由空间中光谱强度随传输距离变化的侧视图

和最大强度横向平移的特性。相比于非均匀相干光束(n=0)，非均匀厄米高斯光束在传输过程中聚焦光斑的横向尺寸更小，强度更大，并且聚焦光斑的轮廓可由光束阶次 n 来进行调控，从而实现光束的整形。

7.2.2 拉盖尔高斯谢尔模阵列光束模型

具有阵列强度轮廓的光束在多粒子操控领域具有重要的应用前景。为了获得远场具有阵列强度分布的光束模型，选取[21]

$$
\begin{aligned}
p(\boldsymbol{\upsilon}) = \frac{\delta^{2n+2}(N+1)NM}{2^{2n+3}\pi n!}\sum_{q=1}^{N}\sum_{j=1}^{qM}\Bigg[& p_H\left(\upsilon_x - \frac{qR\cos\varphi_j}{\delta}, \upsilon_y - \frac{qR\sin\varphi_j}{\delta}\right) \\
& + p_H\left(\upsilon_x + \frac{qR\cos\varphi_j}{\delta}, \upsilon_y + \frac{qR\sin\varphi_j}{\delta}\right)\Bigg]
\end{aligned} \tag{7-29}
$$

其中，$p_H(\upsilon_x,\upsilon_y) = \left[\frac{(\upsilon_x^2+\upsilon_y^2)}{\delta^2}\right]^n \exp\left[-\frac{\delta^2(\upsilon_x^2+\upsilon_y^2)}{2}\right]$，$\varphi_j = \frac{\pi j}{qM} + \theta$。传递函数选取傅里叶变换函数，则表征该光束模型的交叉谱密度函数为

$$W_0(\boldsymbol{r}_1,\boldsymbol{r}_2)=\frac{2}{NM(N+1)}\exp\left(-\frac{\boldsymbol{r}_\mathrm{d}^2}{4\sigma^2}\right)\exp\left(-\frac{\boldsymbol{r}_\mathrm{s}^2}{\sigma^2}\right)L_n\left(\frac{\boldsymbol{r}_\mathrm{d}^2}{2\delta^2}\right)\exp\left(-\frac{\boldsymbol{r}_\mathrm{d}^2}{2\delta^2}\right)\times\sum_{q=1}^{N}\sum_{j=1}^{lM}\cos\left[\frac{qR\left(x_\mathrm{d}\cos\varphi_j+y_\mathrm{d}\sin\varphi_j\right)}{\delta}\right] \tag{7-30}$$

其中，$r_\mathrm{s}=\frac{(r_1+r_2)}{2}$，$r_\mathrm{d}=r_1-r_2$。能够表征真实光场的限定条件为 $\frac{1}{\delta^2}+\frac{1}{4\sigma^2}\ll\frac{2\pi^2}{\lambda^2}$。

选取光束初始参数 $M=3$，$N=2$，$\delta=0.01\mathrm{m}$，$\sigma=0.01\mathrm{m}$，$\lambda=632.8\mathrm{nm}$ 和 $\theta=0$。图 7-3 给出了该光束相干度分布以及拉盖尔高斯谢尔模光束和高斯谢尔模光束的相干度分布。如图所示，相比于高斯谢尔模光束的类高斯分布和拉盖尔高斯谢尔模光束的同心环分布，拉盖尔高斯谢尔模阵列光束在拉盖尔多项式和倾斜因子的共同作用下，其相干度的分布更加新颖。该光束在自由空间中传输时，不同传输距离和光束阶次情况下，归一化强度分布如图 7-4 所示。随着传输距离的增加，该光束的强度轮廓由高斯型逐渐分裂成径向阵列型分布，并能够保持该轮廓不变。当阶次 n=0 时，阵列轮廓中的子光束中心强度最大，呈现类高斯的强度分布。当阶次 n>0 时，阵列轮廓中的子光束呈现中空的强度分布。

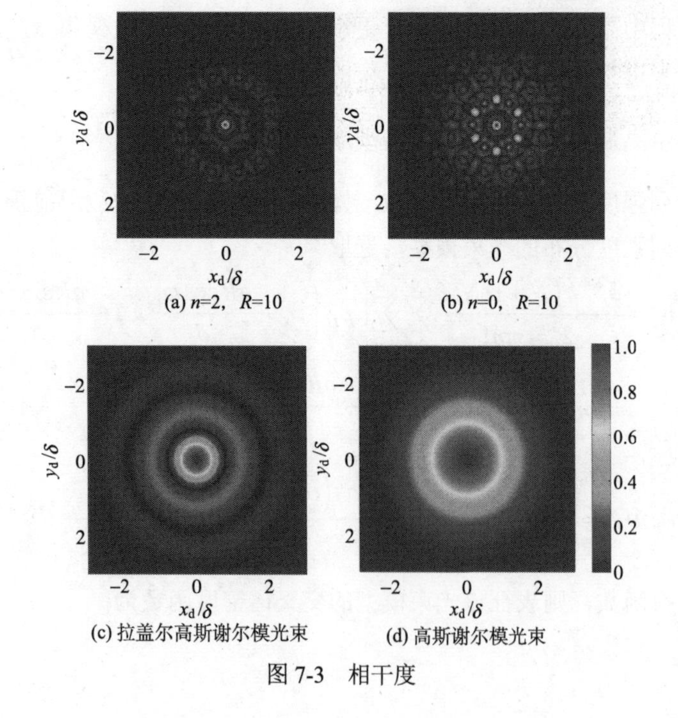

(a) n=2，R=10　(b) n=0，R=10

(c) 拉盖尔高斯谢尔模光束　(d) 高斯谢尔模光束

图 7-3　相干度

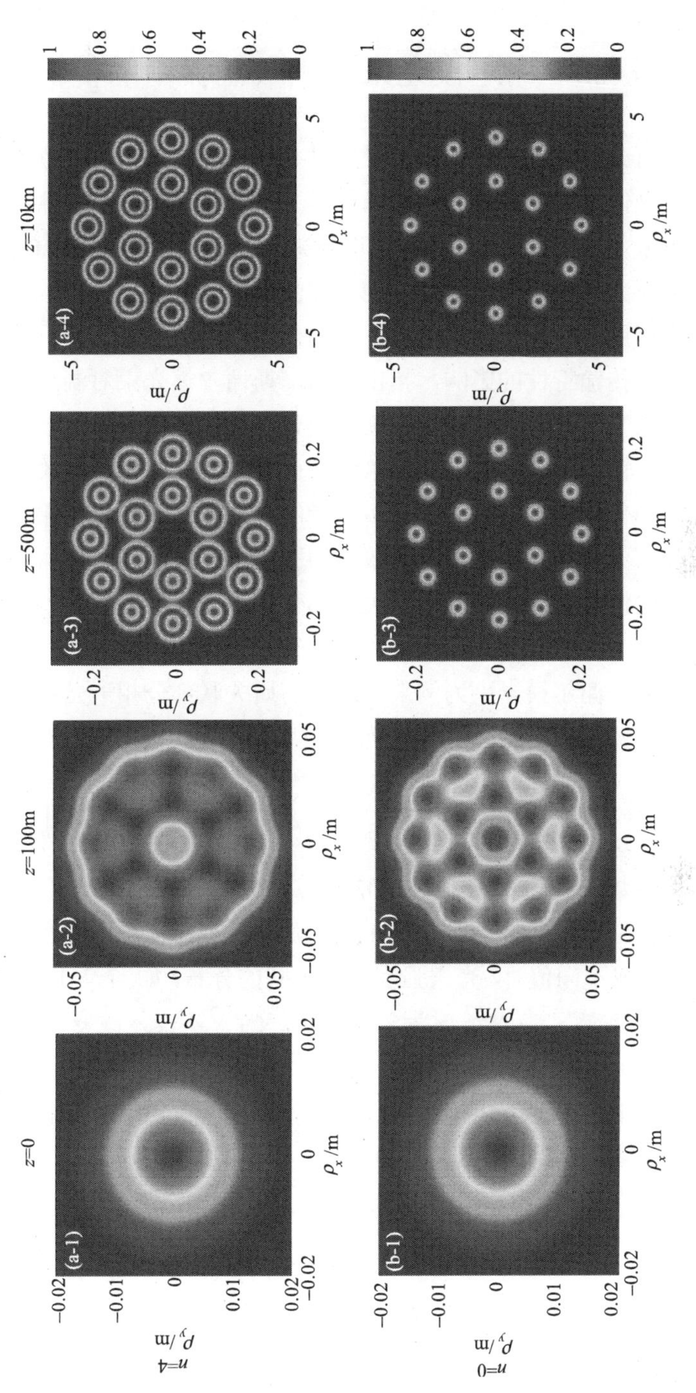

图 7-4　自由空间中，不同传输距离和光束阶次时的归一化强度分布

7.3　多 sinc 谢尔模光束在大气湍流中的传输特性

随着光束研究的扩展，发现除了采用具有特殊强度、特殊相位以及特殊偏振分布的光束来降低湍流对光束的影响以外，适当降低光束的相干性，也就是采用部分相干光束来代替完全相干光束，也能够减小光束受湍流负效应的影响。因此，部分相干光束在大气湍流中传输特性的研究受到广泛关注。2006 年，Cai 等对部分相干扭曲高斯谢尔模光束在大气湍流中的传输进行了研究，分析了扭曲因子对光束在湍流中的传输特性的影响，指出扭曲高斯谢尔模光束对湍流的抵抗力强于高斯谢尔模光束[22]。相应的高斯谢尔模涡旋光束在大气湍流中传输的研究工作也相继开展，其传输质量也优于高斯谢尔模光束[16]。近年来，特殊关联部分相干光束经大气湍流的传输特性也吸引了众多学者的关注[17, 23]。研究结果表明，具有特殊强度轮廓的部分相干光束受湍流负效应的影响小于传统的高斯谢尔模光束以及相应完全相干的情况。因此，非高斯关联部分相干光束具有进一步改善光束传输性能的潜力，在大气激光通信领域具有重要的应用价值。

本节以多 sinc 谢尔模光束为例来介绍非高斯关联部分相干光束在克服湍流负效应影响方面的优势。多 sinc 谢尔模光束交叉谱密度的表达式为[12]

$$W_0\left(\boldsymbol{r}_1,\boldsymbol{r}_2,0\right)=\frac{1}{C}\exp\left(-\frac{\boldsymbol{r}_1^2+\boldsymbol{r}_2^2}{2\sigma^2}\right)\sum_{n=1}^{N}\frac{(-1)^{n-1}}{B_{mn}}\operatorname{sinc}\left(\frac{\boldsymbol{r}_1-\boldsymbol{r}_2}{B_{mn}\delta}\right) \tag{7-31}$$

选取光束参数：$\sigma=0.05\text{m}$，$\delta=0.02\text{m}$，$\lambda=632.8\text{nm}$。图 7-5 给出了多 sinc 谢尔模光束在自由空间中传输至距离 z=10km 时，横截面上光谱强度的分布。由图可知，当参数 N 取不同值时，光谱强度具有不同的分布，如当 N=1 时为平顶轮廓，当 N=2 时为中空轮廓，当 N=6 时为多环轮廓。当 N 不变，改变 m 时，发现中空区域半径会随着 m 取值的增大而增大。

为了对光束在大气湍流中的传输质量进行评价，我们引入传输因子(M^2 因子)作为衡量的标准。M^2 因子的定义式为

$$M^2=k\sqrt{\langle\boldsymbol{\rho}^2\rangle\langle\boldsymbol{\theta}^2\rangle-\langle\boldsymbol{\rho}\cdot\boldsymbol{\theta}\rangle^2} \tag{7-32}$$

其中，$\langle\boldsymbol{\rho}^2\rangle=\langle x^2\rangle+\langle y^2\rangle$，$\langle\boldsymbol{\theta}^2\rangle=\langle\theta_x^2\rangle+\langle\theta_y^2\rangle$，$\langle\boldsymbol{\rho}\cdot\boldsymbol{\theta}\rangle=\langle x\theta_x\rangle+\langle y\theta_y\rangle$，$\langle x^2\rangle$、$\langle\theta_x^2\rangle$、$\langle x\theta_x\rangle$、$\langle y^2\rangle$、$\langle\theta_y^2\rangle$、$\langle y\theta_y\rangle$ 为任意传输距离处光束的二阶矩。部分相干光束的 $m+n+p+q$ 阶矩可由 Wigner 分布函数计算得到，具体定义式如下[24, 25]：

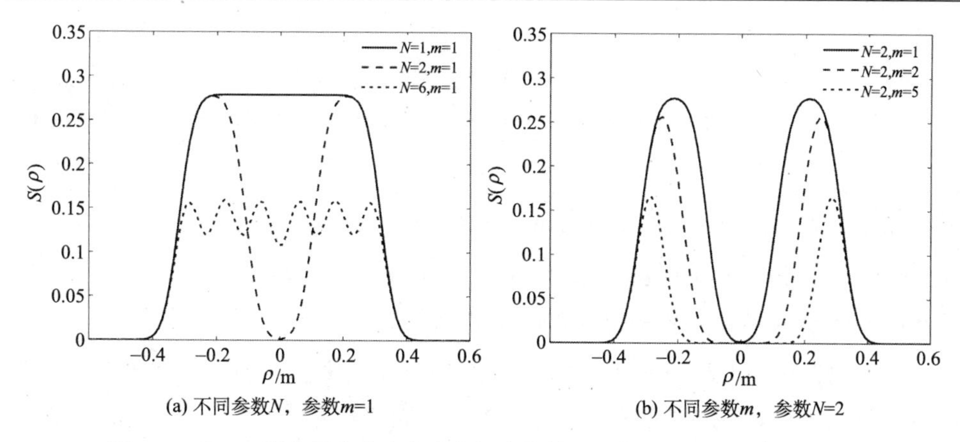

(a) 不同参数N，参数m=1　　(b) 不同参数m，参数N=2

图 7-5　多 sinc 谢尔模光束在自由空间中传输至距离 $z = 10\text{km}$ 处横截面上光谱强度的分布 ($\rho_y = 0$)

$$\langle x^m y^n \theta_x^p \theta_y^q \rangle = \frac{1}{P}\iiiint_{-\infty}^{\infty} x^m y^n \theta_x^p \theta_y^q h\left(x, y, \theta_x, \theta_y, z\right) \mathrm{d}x\mathrm{d}y\mathrm{d}\theta_x \mathrm{d}\theta_y \tag{7-33}$$

其中，$P = \iiiint_{-\infty}^{\infty} h\left(x, y, \theta_x, \theta_y, z\right) \mathrm{d}x\mathrm{d}y\mathrm{d}\theta_x \mathrm{d}\theta_y$ 为光束的总功率，$h\left(x, y, \theta_x, \theta_y, z\right)$ 为 Wigner 分布函数

$$h\left(x, y, \theta_x, \theta_y, z\right) = \left(\frac{k}{2\pi}\right)^2 \iint_{-\infty}^{\infty} W\left(x, y, x_\mathrm{d}, y_\mathrm{d}, z\right) \exp\left(-\mathrm{i}k\theta_x x_\mathrm{d} - \mathrm{i}k\theta_y y_\mathrm{d}\right) \mathrm{d}x_\mathrm{d} \mathrm{d}y_\mathrm{d} \tag{7-34}$$

在傍轴近似下，部分相干光束在大气湍流中的传输仍然可以采用广义的惠更斯-菲涅耳原理来分析。设 $\boldsymbol{r}_1$ 和 $\boldsymbol{r}_2$ 为源平面上任意两个空间点的位置，$\boldsymbol{\rho}_1$ 和 $\boldsymbol{\rho}_2$ 为接收面上任意两个空间点的位置，令 $\boldsymbol{r} = (\boldsymbol{r}_1 + \boldsymbol{r}_2)/2$，$\boldsymbol{r}_\mathrm{d} = \boldsymbol{r}_1 - \boldsymbol{r}_2$，$\boldsymbol{\rho} = (\boldsymbol{\rho}_1 + \boldsymbol{\rho}_2)/2$，$\boldsymbol{\rho}_\mathrm{d} = \boldsymbol{\rho}_1 - \boldsymbol{\rho}_2$，则在大气湍流中传输时交叉谱密度的传输方程可写为

$$W\left(\boldsymbol{\rho}, \boldsymbol{\rho}_\mathrm{d}, z\right) = \left(\frac{k}{2\pi z}\right)^2 \iiiint_{-\infty}^{\infty} W_0\left(\boldsymbol{r}, \boldsymbol{r}_\mathrm{d}, 0\right) \exp\left[\frac{\mathrm{i}k}{z}(\boldsymbol{\rho} - \boldsymbol{r})(\boldsymbol{\rho}_\mathrm{d} - \boldsymbol{r}_\mathrm{d})\right] \times \exp\left[-\frac{k^2 z T}{3}\left(\boldsymbol{\rho}_\mathrm{d}^2 + \boldsymbol{\rho}_\mathrm{d} \cdot \boldsymbol{r}_\mathrm{d} + \boldsymbol{r}_\mathrm{d}^2\right)\right] \mathrm{d}^2\boldsymbol{r}\mathrm{d}^2\boldsymbol{r}_\mathrm{d} \tag{7-35}$$

其中，湍流强度 $T = \pi^2 \int_0^{\infty} \kappa^3 \Phi(\kappa, \alpha) \mathrm{d}\kappa$，参量 $\Phi(\kappa, \alpha)$ 为湍流介质的空间折射率波动功率谱，κ 为二维空间频率大小，α 为功率幂指数。大气湍流模型选取适用范围更广的 non-Kolmogorov 功率谱函数，定义式为

$$\Phi(\kappa,\alpha)=A(\alpha)\tilde{C}_n^2\frac{\exp\left(\frac{-\kappa^2}{\kappa_m^2}\right)}{\left(\kappa^2+\kappa_0^2\right)^{\frac{\alpha}{2}}},\quad 0\leqslant\kappa<\infty,3<\alpha<4 \tag{7-36}$$

其中，$\tilde{C}_n^2$ 是折射率结构常数，单位为$\mathrm{m}^{3-\alpha}$；$A(\alpha)=(2\pi)^{-2}\Gamma(\alpha-1)\cos(\alpha\pi/2)$，$\Gamma(\cdot)$ 是 Gamma 函数；$\kappa_0=2\pi/L_0$；$\kappa_m=c(\alpha)/l_0$，$c(\alpha)=\left[2\pi\Gamma(5-\alpha/2)A(\alpha)/3\right]^{1/(\alpha-5)}$，$L_0$ 和 l_0 分别为湍流结构的外尺度和内尺度。

将式(7-33)和式(7-35)代入式(7-32)，可得多 sinc 谢尔模光束在 non-Kolmogorov 湍流中传输时 M^2 因子的解析表达式为[26]

$$\begin{aligned}M^2(z)&=k\left(\left\langle\boldsymbol{\rho}^2\right\rangle\left\langle\boldsymbol{\theta}^2\right\rangle-\left\langle\boldsymbol{\rho}\cdot\boldsymbol{\theta}\right\rangle^2\right)^{1/2}\\&=\left\{\left[2\sigma^2+4Tz^3\right]\frac{1\big/\left(2\sigma^2\right)+\sum\limits_{n=1}^{N}\left[(-1)^{n-1}\pi^2\right]\big/\left(B_n^3\delta^2\right)}{\sum\limits_{n=1}^{N}(-1)^{n-1}\big/B_n}+6k^2\sigma^2Tz+3k^2T^2z^4\right\}^{1/2}\end{aligned} \tag{7-37}$$

基于式(7-37)，利用 MATLAB 进行数值模拟，对比分析光束初始参数和湍流参数对光束传输质量的影响。湍流参数选取：$\tilde{C}_n^2=10^{-15}\mathrm{m}^{3-\alpha}$，$\alpha=3.1$，$L_0=1\mathrm{m}$，$l_0=1\mathrm{mm}$。光束初始参数与图 7-5 中采用数据相同。图 7-6 给出了多 sinc 谢尔模光束在湍流中传输至距离 z=10km 处时，归一化 M^2 因子随着相干长度 δ 变化的曲线图。由图可知，降低光束的相干长度 δ，归一化 M^2 因子会随着降低，也就意味着光束的传输质量有所提升。而当相干长度 δ 取值很大时，多 sinc 谢尔模光束会退化为完全相干高斯光束，归一化 M^2 因子趋于恒定值。所以，相对于完全相干光束，部分相干光束对湍流的抵抗力更强。另外，当 m 相同，N=2 时的归一化 M^2 因子小于 N=1 和 N=6 时的情况。也就是说，远场具有中空强度轮廓的多 sinc 谢尔模光束受湍流的影响要小于远场具有平顶和多环时的情况。此外，波长 λ 和束宽 σ 对光束传输质量的影响如图 7-7 所示。当增大光束波长 λ 和束宽 σ 时，归一化 M^2 因子减小。另外，光束束宽 σ 对归一化 M^2 因子的影响要比光束参数 N 和 m 大。因此，可通过增大光束的波长 λ 或者束宽 σ 来提升多 sinc 谢尔模光束对湍流的抵抗力。

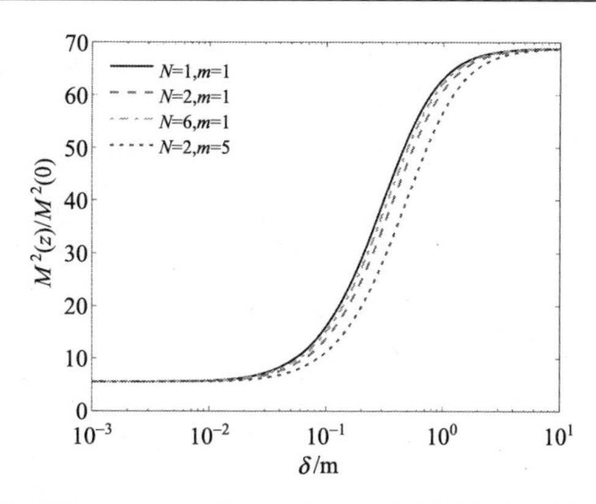

图 7-6　大气湍流中传输至距离 z=10km 处时，多 sinc 谢尔模光束的归一化 M^2 因子随相干长度 δ 变化的曲线图

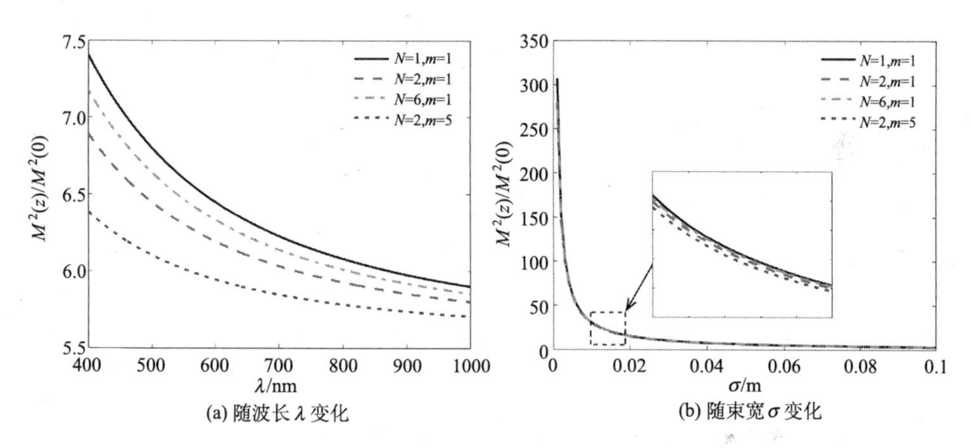

图 7-7　大气湍流中传输至距离 z=10km 处时，多 sinc 谢尔模光束的归一化 M^2 因子随波长 λ 和束宽 σ 变化的曲线图

接下来分析湍流参数对光束传输质量的影响。图 7-8 给出了多 sinc 谢尔模光束的归一化 M^2 因子随着湍流结构常数 $\tilde{C}_n^2$ 的变化曲线图。由理论公式，湍流结构常数 $\tilde{C}_n^2$ 与湍流强度成正比例关系。从图 7-8 可知，归一化 M^2 因子随着湍流结构常数 $\tilde{C}_n^2$ 的增加而逐渐增大。同样，远场具有中空强度轮廓的多 sinc 谢尔模光束 (N=2) 对湍流的抵抗力要优于远场具有平顶和多环强度轮廓的情况，并且中空半径增大 (增大参数 m) 优势进一步增加。

最后，对传统的高斯谢尔模光束和多 sinc 谢尔模光束经大气湍流传输时的光束质量进行对比分析。图 7-9 给出了两种光束在湍流中传输时归一化 M^2 因子随传输距离的演化图。多 sinc 谢尔模光束的归一化 M^2 因子明显地小于高斯谢尔模光束的情况。因此，相比于传统的高斯谢尔模光束，多 sinc 谢尔模光束对湍流的抵抗力更强。

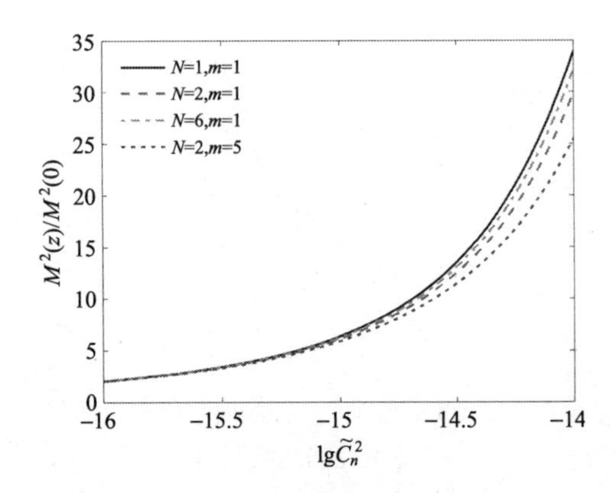

图 7-8　大气湍流中传输至距离 z=10km 处时，多 sinc 谢尔模光束的归一化 M^2 因子随折射率结构常数 $\tilde{C}_n^2$ 变化的曲线图

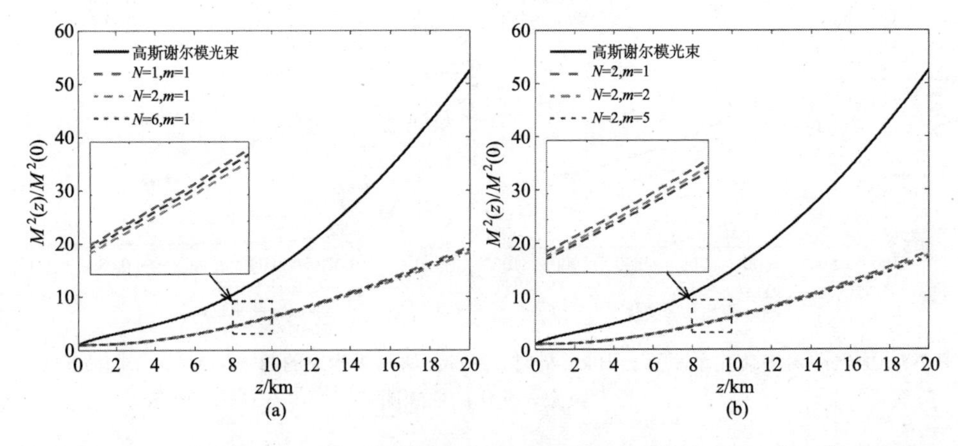

图 7-9　多 sinc 谢尔模光束与传统高斯谢尔模光束在湍流中传输时归一化 M^2 因子随传输距离的变化

7.4　本 章 小 结

本章首先对部分相干理论进行了简要介绍，随后结合非均匀厄米高斯相干光束模型和高斯谢尔模阵列光束模型分析了非高斯关联部分相干光束模型的构建方法以及这类光束独特的传输特性，最后以多 sinc 谢尔模光束为例，详细说明了非高斯关联部分相干光束经大气湍流时对湍流的抵抗力要优于传统的高斯谢尔模光束，并且远场具有特殊强度时对湍流的抵抗力能够进一步提升。因此，非高斯关

联的部分相干光束在大气光通信中具有巨大的应用前景。

参考文献

[1] Starikov A, Wolf E. Coherent-mode representation of Gaussian Schell-model sources and of their radiation fields[J]. Journal of the Optical Society of America, 1982, 72(7): 923-928.

[2] Wolf E, Agarwal G S. Coherence theory of laser resonator modes[J]. Journal of the Optical Society of America A, 1984, 1(5): 541-546.

[3] Wolf E. New theory of partial coherence in the space-frequency domain. Part II: Steady-state fields and higher-order correlations[J]. Journal of the Optical Society of America A, 1986, 3(1): 76-85.

[4] James D F V. Change of polarization of light beams on propagation in free space[J]. Journal of the Optical Society of America A, 1994, 11(5): 1641-1643.

[5] Wolf E. Correlation-induced changes in the degree of polarization, the degree of coherence, and the spectrum of random electromagnetic beams on propagation[J]. Optics Letters, 2003, 28(13): 1078-1080.

[6] Gori F, Santarsiero M, Borghi R, et al. Effects of coherence on the degree of polarization in a Young interference pattern[J]. Optics Letters, 2006, 31(6): 688-690.

[7] Gori F, Santarsiero M, Piquero G, et al. Partially polarized Gaussian Schell-model beams[J]. Journal of Optics A: Pure and Applied Optics, 2001, 3(1): 1-9.

[8] Wolf E. Unified theory of coherence and polarization of random electromagnetic beams[J]. Physics Letters A, 2003, 312(5): 263-267.

[9] Gori F, Santarsiero M. Devising genuine spatial correlation functions[J]. Optics Letters, 2007, 32(24): 3531-3533.

[10] Gori F, Remírez-Sanchez V, Santarsiero M, et al. On genuine cross-spectral density matrices[J]. Journal of Optics A: Pure and Applied Optics, 2009, 11: 085706.

[11] Chen Y, Gu J, Wang F, et al. Self-splitting properties of a Hermite-Gaussian correlated Schell-model beam[J]. Physical Review A, 2015, 91: 013823.

[12] Mei Z, Korotkova O. Alternating series of cross-spectral densities[J]. Optics Letters, 2015, 40(11): 2473-2476.

[13] 陈亚红，王飞，蔡阳健. 部分相干激光束空间关联结构调控研究进展[J]. 物理学进展，2015，35(2): 51-73.

[14] Santarsiero M, Martínez-Herrero R, Maluenda D, et al. Partially coherent sources with circular coherence[J]. Optics Letters, 2017, 42(8): 1512-1515.

[15] Mei Z, Korotkova O. Random sources for rotating spectral densities[J]. Optics Letters, 2017, 42(2): 255-258.

[16] Li J, Wang W, Duan M, et al. Influence of non-Kolmogorov atmospheric turbulence on the beam

quality of vortex beams[J]. Optics Express, 2016, 24 (18): 20413-20423.

[17] Xu Y, Li Y, Dan Y, et al. Propagation based on second-order moments for partially coherent Laguerre-Gaussian beams through atmospheric turbulence[J]. Journal of Modern Optics, 2016, 63 (12): 1121-1128.

[18] Wang F, Korotkova O. Circularly symmetric cusped random beams in free space and atmospheric turbulence[J]. Optics Express, 2017, 25 (5): 5057-5067.

[19] Tong Z, Korotkova O. Electromagnetic nonuniformly correlated beams[J]. Journal of the Optical Society of America A, 2012, 29 (10): 2154-2158.

[20] Song Z, Liu Z, Zhou K, et al. Propagation characteristics of a non-uniformly Hermite-Gaussian correlated beam[J]. Journal of Optics, 2016, 18: 015606.

[21] Song Z, Liu Z, Ye J, et al. Random sources generating far fields with ring-shaped array profiles[J]. Optik, 2018, 168: 590-597.

[22] Cai Y, He S. Propagation of a partially coherent twisted anisotropic Gaussian Schell-model beam in a turbulent atmosphere[J]. Applied Physics Letters, 2006, 89 (4): 041117.

[23] Wang X, Yao M, Qiu Z, et al. Evolution properties of Bessel-Gaussian Schell-model beams in non-Kolmogorov turbulence[J]. Optics Express, 2015, 23 (10): 12508-12523.

[24] Serna J, Martínez-Herrero R, Mejías P M. Parametric characterization of general partially coherent beams propagating through ABCD optical systems[J]. Journal of the Optical Society of America A, 1991, 8 (7): 1094-1098.

[25] Bastiaans M J. Application of the Wigner distribution function to partially coherent light[J]. Journal of the Optical Society of America A, 1986, 3 (8): 1227-1238.

[26] Song Z, Liu Z, Zhou K, et al. Propagation factors of multi-sinc Schell-model beams in non-Kolmogorov turbulence[J]. Optics Express, 2016, 24 (2): 1804-1813.

第 8 章　用于光学生物传感及探测器的导模共振分析

衍射光学现象可以追溯到 1452 年，在达·芬奇的著作中第一次出现，指的是“当光在传播过程中遇到障碍物或小孔时，光将偏离直线传播的途径而绕到障碍物后面传播的现象”。1818 年，菲涅耳结合惠更斯的波动理论和干涉原理对衍射现象进行了合理的解释。限于当时技术和工艺的落后，衍射光学并没有引起人们的关注。

随着衍射光学的理论日益完善、微纳光学组件制作技术的不断更新迭代和设计方法的拓展创新，衍射光学的应用领域逐渐拓宽，成为极具活力与潜力的学科，并与生态领域应用交叉结合，形成生态光子学的一个重要发展方向[1-6]。衍射光学组件立足于光波的电磁波特性，通过不同介质的空间分布结构来改变光传播特性，如能量的空间分布、传播方向、偏振态和衍射效率等。且拥有体积小、质量轻、集成度高等优点，利用衍射光学组件和传统的光学器件能设计出性能更为卓越的光学系统。基于导模共振的生态光子生物传感及探测器，正是此类技术应用的集中体现。

8.1　亚波长光栅

光栅是衍射光学领域一种常见的光学组件。从广义上来说，微空间结构或光学性质变化按周期性排列的衍射组件统称为光栅。由衍射理论可知，当光通过光栅时会形成狭缝衍射与多缝干涉共同作用产生的光谱。当对光栅的周期进行改变使得工作波长与光栅周期之比(λ/Λ)不同时，光栅会有不同的工作状态，即光栅的衍射效果不同。

当光栅周期远大于工作波长($\Lambda \gg \lambda$)，如图 8-1(a)所示，光栅工作于多级衍射状态(又叫作 Raman-Nath 衍射)，产生多个级次的衍射光波。此时光的偏振状态可忽略，故此状态下可用标量衍射理论进行分析，可用于光谱分析、多级成像装置等。当光栅周期与工作波长处于相同量级($\Lambda \approx \lambda$)时，如图 8-1(b)所示，此时衍射场里只存在两个主要的级次，即双级衍射。因该衍射与光在晶体中所产生的 Bragg 衍射相似，所以也称为 Bragg 型衍射。其衍射特性可用 Kogelnik 提出的双波耦合理论来处理。此种光栅适用于光学存储器、光栅偏转器和半导体激光器中。

当光栅的周期比工作波长还要小得多时，即光栅空间频率很高时，如图 8-1(c)所示，只有零级衍射能够继续传输，其他高级次衍射波都为隐失波，此时光栅状态为零级衍射，该光栅也被称为亚波长光栅。因只有零级次衍射光传播，零级光的光强则相对最大，能得到高效率的单波长衍射光。虽然光栅两侧的光波传播性质与各向同性的光学薄膜类似，且其折射率也往往用周期性调制的介质平均折射率来表达，但其对光波的物理作用与光学薄膜在本质上是完全不一样的，因而需要采用严格的矢量衍射理论去对亚波长光栅结构和光谱特性进行计算。目前，关于亚波长光栅的理论研究和应用越来越多，亚波长光栅的一系列优点比如可调谐光谱、易集成、体积轻便等也被不断发掘出来。以特有的光学特性，亚波长光栅除了可为光谱仪提供分光功能，微纳结构的亚波长光栅还能够用来制作高性能的抗反射组件、起偏器、滤波器、传感器等，在防伪领域也有着极大的应用。

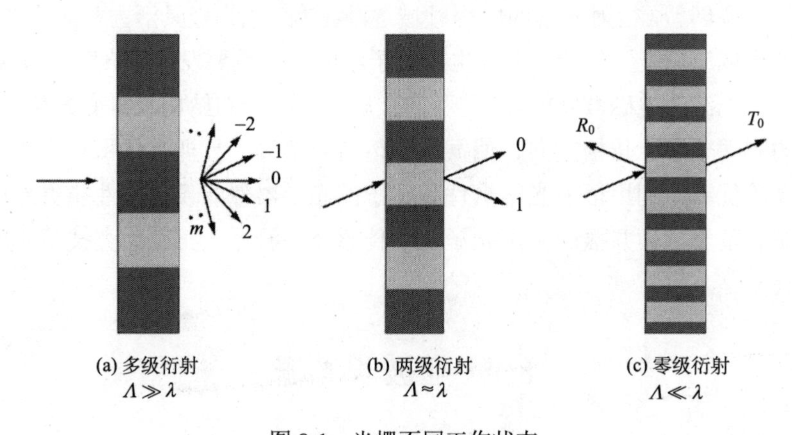

图 8-1　光栅不同工作状态

8.2　导模共振效应

已有研究证明，在某一特定的亚波长光栅结构下，当入射光照射在光栅上，会出现特大透射或反射急剧增大的“异常”现象，即导模共振现象。当波导-光栅的结构参数一定的条件下，入射光以特定波长或角度照射该结构，激发出的结构所支持的导模泄漏模与经过光栅衍射所产生的高级次传播波发生耦合，产生相长或相消干涉，能量被重新分配，产生导模共振，反射光谱展现出锐利的反射峰。导模共振现象有着带宽小、衍射效率高、旁带响应极低、对光波长和入射角强敏感等特点，因此研究具有导模共振效应的亚波长光栅器件有着极其重要的应用意义。

因其卓越的光学性能，通过结合波导衍射光学、薄膜技术、微纳制造技术对导模共振组件进行设计和制备，导模共振组件已被运用到众多领域，如偏振系统、聚焦器件、光调制器、光开关、高反射器件、滤波器、生物传感器和光学防伪器件等。图 8-2 为利用导模共振效应设计的几种典型应用。图 8-2(a)为运用导模共振效应对光偏振态的敏感性所设计的可调谐滤波器，图 8-2(b)为利用导模共振效应对光的调制所设计的光开关，图 8-2(c)为基于导模共振效应的生物传感器，通过对波导-光栅层上所覆盖的生物待测物的物理特性的改变所造成的光谱谱峰的位移变化，来获取其物理特性，能够实现无标记检测。

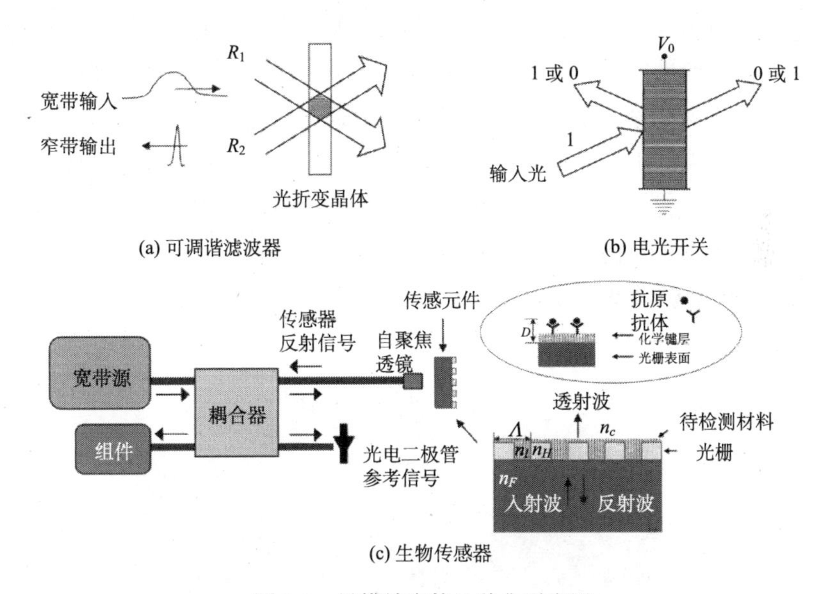

图 8-2　导模效应的几种典型应用

导模共振的提出最早能追溯到 1902 年 Wood[7]提出的“衍射异常”，但当时的光学理论还不足以对此现象进行解释，故称为“异常”，导模共振现象也还不被学者所关注。当美国学者 Magnusson 等[8,9]利用严格矢量衍射理论对单层波导光栅结构衍射特性进行分析求解，得出了导模效应的激发条件，并首次提出基于导模共振效应制作亚波长光栅滤波片，这才激发起了国内外研究者对该效应的机理和应用的强烈关注。1994 年，Wang 和 Magnusson 分别分析了单、双和三层光栅结构的滤光片，得出多层结构抗反射强、旁带抑制效果好及滤波特性更为优良的结论[10]。1998 年，Magnusson 等初次提出 TM 偏振光下导模共振 Brewster 滤光片的可行性[11]。2004 年，Ding 等[12]研究了单层双周期光栅结构的导模共振现象，发现在第二布拉格带隙边缘非兼并共振峰的出现。2007 年，Magnusson 课题组[13]对波导光栅结构中泄漏导模的色散特性进行分析，得出了共振波长位置与泄漏导模曲线之间的关系。国内学者对导模共振器件也有许多研究成果。四川大学周传宏等[14]采用严格耦合波理论对波导光栅模式进行计算，并设计得出旁带低、带宽窄的对称共振峰。上海同济大学的王占山、桑田等[15,16]分析了导模共振光栅结构参数和入射光栅的敏感性，并运用 Brewster 效应降低了旁带的反射率，从理论上设计出多通道导模共振器件。

通常情况下，导模共振波导光栅结构由三部分组成：光栅层、波导层和基底层，其光栅层往往为亚波长光栅以确保衍射波仅有零级次存在，以获得最高效率的衍射光波。如图 8-3 所示，当一束光波通过入射介质照射到平面波导光栅结构时，会在光栅层发生反射或透射到基底层。此时，由于光栅的衍射特性，部分入射光波会被衍射到波导层中，当满足位相匹配时，会在波导层形成往相反方向传播的驻波，即导模。由于亚波长光栅在水平方向上的周期性调制，不能使波导层受限，导模为表面波，使导模在光栅层界面发生泄漏，产生泄漏模。当泄漏的导模与入射光直接照到光栅时所产生的反射光相位匹配时，产生相长干涉，获得理论上可达 100%反射效率的反射光，即形成导模共振，因此时的导模为泄漏模，故也叫泄漏模共振。

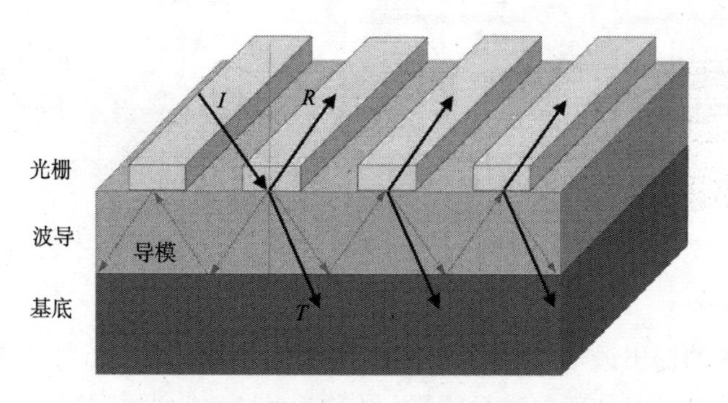

图 8-3　导模共振效应原理图

如图 8-4 所示，在一个单层波导光栅结构中，当发生导模共振时，在某一特定波长处会产生共振反射峰，此时反射峰值极高、带宽极窄且旁带响应效率低。通过对波导层厚度、光栅层厚度、光栅周期、占空比等波导光栅结构参数和入射角等入射因素进行改变，共振反射峰的谱线特性如谱线宽度、旁带响应能够被控制和设计，因此被用于滤波器。而当光栅层上被覆盖有非空气的气体或液体时，此时入射介质的折射率改变，共振反射峰所在波长的位置会发生位移，因此可通过对共振波长的位移测量得到待测气体或液体的折射率，即可应用于折射率传感器。

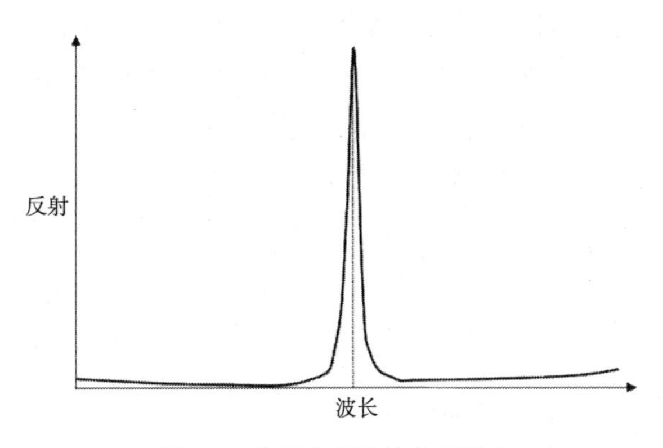

图 8-4　单层光栅导模共振效应

8.3　导模共振条件

本节用一个由单层亚波长光栅、波导层和基底层组成的典型导模共振波导光栅结构举例，对共振效应产生条件进行分析阐述。

如图 8-5 所示，光栅的高折射率部分和低折射率部分的折射率分别设为 n_H 和 n_L，则其等效折射率为

$$n_{\mathrm{eff}} = [(1-f)n_L^2 + fn_H^2]^{\frac{1}{2}} \tag{8-1}$$

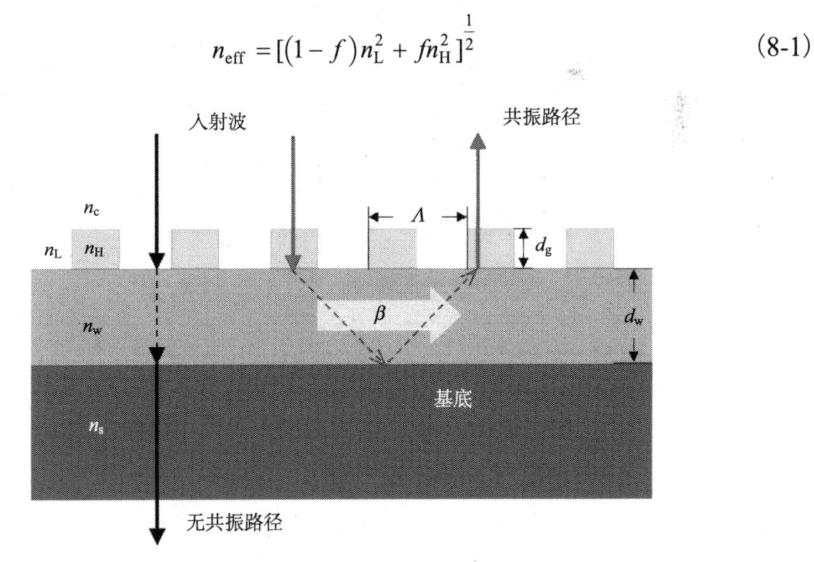

图 8-5　单层波导光栅结构

其中，f 为占空比。当入射光经过光栅被耦合进波导层，衍射光波与波导结构的泄漏导模满足相位匹配时，共振才会发生。对于空间频率高的光栅(即光栅周期远小于工作波长的亚波长光栅)，高级次衍射波不能传播，电磁场能量集中在零级次的透射或反射波上，此时若要使之发生导模共振，需要满足以下条件：

(1)波导层的折射率必须比覆盖层和基底层的折射率大，以保证波导层中能存在导模，即

$$n_{\mathrm{w}} > \{n_{\mathrm{s}}, n_{\mathrm{c}}\} \tag{8-2}$$

(2)在均匀平面波导结构中，TE 偏振下的特征方程为

$$\tan(k_{\mathrm{w}}, d_{\mathrm{w}}) = \frac{k_{\mathrm{w}}(r_{\mathrm{c}} + r_{\mathrm{s}})}{k_{\mathrm{w}}^2 - r_{\mathrm{c}} r_{\mathrm{s}}} \tag{8-3}$$

其中：

$$r_{\mathrm{c}} = k_0 \sqrt{n_{\mathrm{eff}}^2 - n_{\mathrm{c}}^2} \tag{8-4}$$

$$r_{\mathrm{s}} = k_0 \sqrt{n_{\mathrm{eff}}^2 - n_{\mathrm{s}}^2} \tag{8-5}$$

$$k_{\mathrm{w}} = k_0 \sqrt{n_{\mathrm{w}}^2 - n_{\mathrm{eff}}^2} \tag{8-6}$$

其中，n_{w} 为波导层折射率；d_{w} 为厚度；r_{c}、r_{s}、k_{w} 分别为覆盖层、基底层和波导层的传播波数。

波导层的等效折射率在 TE 偏振情况可通过下式得出：

$$N_{\mathrm{e}} = m\pi + \arctan\left(\frac{r_{\mathrm{c}}}{k_{\mathrm{w}}}\right) + \arctan\left(\frac{r_{\mathrm{s}}}{k_{\mathrm{w}}}\right) \tag{8-7}$$

类似地，TM 偏振下结构的特征方程为

$$\tan(k_{\mathrm{w}}, d_{\mathrm{w}}) = \frac{n_{\mathrm{g}} k_{\mathrm{w}}(n_{\mathrm{g}} r_{\mathrm{c}} + n_{\mathrm{c}} r_{\mathrm{s}})}{n_{\mathrm{c}} n_{\mathrm{g}} k_{\mathrm{w}}^2 - n_{\mathrm{g}}^2 r_{\mathrm{c}} r_{\mathrm{s}}} \tag{8-8}$$

其中，传播波数 r_{c}、r_{s}、k_{w} 与在 TE 偏振下相同。TM 偏振下，波导层的等效折射率为

$$N_{\mathrm{e,TM}} = m\pi + \arctan\left(\frac{n_{\mathrm{w}}^2 r_{\mathrm{c}}}{n_{\mathrm{c}}^2 k_{\mathrm{w}}}\right) + \arctan\left(\frac{n_{\mathrm{w}}^2 r_{\mathrm{s}}}{n_{\mathrm{s}}^2 k_{\mathrm{w}}}\right) \tag{8-9}$$

衍射光栅将入射光耦合入波导层并支持其在波导层内产生导模后泄漏，而当一束光波入射到波导光栅结构时，可能会产生多个衍射级次，要满足发生导模共振效应的必要条件：波导层内的衍射级次与波导层支持的泄漏导模位相匹配。位相匹配条件为

$$N_e = k_0 \sin\theta \pm qKN_e \tag{8-10}$$

光栅方程为

$$n_w \Lambda \sin\theta_q - n_i \Lambda \sin\theta_i = q\lambda \tag{8-11}$$

其中，n 为折射率；λ 为波长；Λ 为光栅调制周期；θ_i 和 θ_q 分别表示入射角和衍射角。结合式(8-10)和式(8-11)，可得某一光栅周期所对应的与 q 级衍射级次相耦合的泄漏模的表达式为

$$N_e = q\frac{\lambda}{\Lambda} + n_c \sin\theta_i \tag{8-12}$$

由以上分析可知，通过选取适当的波导层参数和光栅参数，满足必要条件后共振效应就能产生。光栅的调制率 $\Delta\varepsilon$ 定义为

$$\Delta\varepsilon = \frac{\varepsilon_H - \varepsilon_L}{\varepsilon_H + \varepsilon_L} = \frac{n_H^2 - n_L^2}{n_H^2 + n_L^2} \tag{8-13}$$

其中，ε 为光栅介电常数，下角标 H、L 分别代表光栅高折射率部分(栅脊)和低折射率部分(栅谷)。对于弱调制光栅，共振位置也可由式(8-12)预知。但当光栅调制常数很大时，其导波特性已不再能简单近似为平面波导的特性，此时需要用严格矢量衍射理论去获得精确的光谱特性，严格矢量衍射理论在下一章进行详细说明。

8.4　共振结构的波导分析

单层波导光栅的结构如图 8-6 所示，假设光栅层的调制率 $\Delta\varepsilon$ 很小，单层波导光栅结构则可视为调制的平面波导，其衍射行为可用波导理论进行分析。

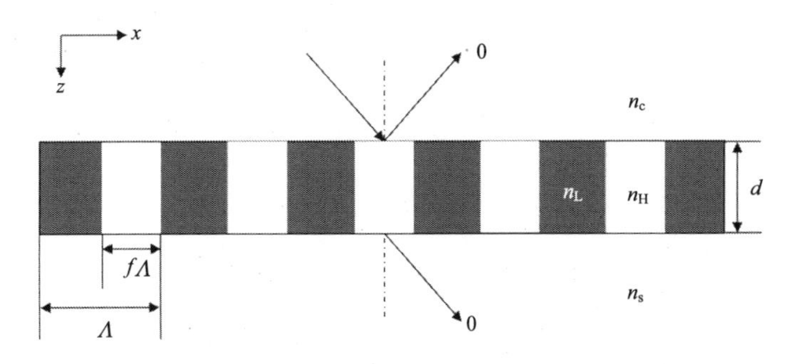

图 8-6　单层波导光栅结构

对于 TE 波，该结构的耦合波方程为

$$\frac{d^2E_i(z)}{dz^2}+\left[k_0^2\varepsilon_{av}-k_0^2\left(n_c\sin\theta-\frac{i\lambda}{\Lambda}\right)^2\right]E_i(z)+k_0^2\Delta\varepsilon\sum_{h=1}^{\infty}\frac{\sin(h\pi f)}{h\pi}\left[E_{i+h}(z)+E_{i-h}(z)\right]=0 \tag{8-14}$$

其中，$E_i(z)$为第 i 级衍射波电场 Y 分量的振幅；$k_0=2\pi/\lambda$，λ 为自由空间波长；ε_{av} 为光栅的平均相对介电常数；$\Delta\varepsilon$ 为光栅调制率；h 为傅里叶谐波系数。当光栅调制率很小，即 $\Delta\varepsilon\to0$ 时，耦合项可忽略不计，式(8-14)可简化为非调制的平面介质波导的波动方程

$$\frac{d^2E_i(z)}{dz^2}+\left[k_0^2n_{av}^2-k_0^2(n_c\sin\theta-i\lambda/\Lambda)^2E_i(z)\right]=0 \tag{8-15}$$

其中，n_{av} 为光栅平均折射率，有 $n_{av}^2=\varepsilon_{av}$。

对于均匀平面波，其经典波方程为

$$\frac{d^2E_v(z)}{dz^2}+\left[k_0^2n_{av}^2-\beta_v^2\right]E_v(z)=0 \tag{8-16}$$

其中，β_v 为平面波导中第 v 个导模的传播常数。式(8-15)和式(8-16)在形式上非常接近，通过对两式比较，可得波导光栅与均匀平面波导间关联性，波导光栅中的第 i 级衍射波的导模对应于均匀平面波导的第 v 个导模，则波导光栅中导模的传播常数 $\beta_{i,v}$ 为

$$\beta_{i,v}=k_0\left(n_c\sin\theta-i\lambda/\Lambda\right) \tag{8-17}$$

该式可代表第 i 级衍射波与第 v 个泄漏导模间的相位匹配条件。通过对均匀平面波导的本征方程求解：

$$\tan\left(k_{i,v}d\right)=\frac{k_{i,v}\left(\gamma_{i,v}+\delta_{i,v}\right)}{k_{i,v}^2-\gamma_{i,v}\delta_{i,v}} \tag{8-18}$$

可得到传播常数 $\beta_{i,v}$，其中覆盖层、光栅层以及基底层的波数 z 分量分别为

$$\gamma_{i,v}=(\beta_{i,v}^2-n_c^2k_0^2)^{\frac{1}{2}} \tag{8-19}$$

$$k_{i,v}=(n_{av}^2k_0^2-\beta_{i,v}^2)^{\frac{1}{2}} \tag{8-20}$$

$$\delta_{i,v}=(\beta_{i,v}^2-n_s^2k_0^2)^{\frac{1}{2}} \tag{8-21}$$

类似地，对 TM 波进行相同的分析，可得 TM 波的波导本征方程为

$$\tan\left(k_{i,v}d\right)=\frac{n_{av}^2k_{i,v}\left(n_s^2\gamma_{i,v}+n_c^2\delta_{i,v}\right)}{n_c^2n_s^2k_{i,v}^2-n_{av}^4\gamma_{i,v}\delta_{i,v}} \tag{8-22}$$

该等效方法对一般的任意层波导光栅结构也一样适用，如图 8-7 所示。该结构共为 M 层，由 1，2，…，$m-1$，m，$m+1$，…多层膜构成，其中 m 层为光栅层，其余为均匀介质层，第 m 层厚度和折射率分别为 d_m 及 n_m，且结构中至少有一层的折射率大于覆盖层及基底层的折射率。在单层波导光栅结构中，光栅被近似为一均匀平面波导来处理，折射率为光栅层的平均折射率，因此在多层波导光栅结构中，可近似等效为多层均匀波导来处理。

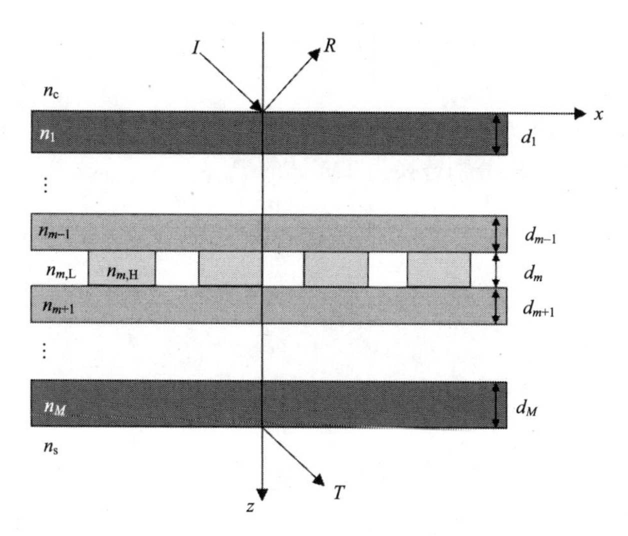

图 8-7　多层波导光栅结构

在 TE 波的入射下，多层波导光栅的本征方程为

$$P_c A + P_c P_s B + C + P_s D = 0 \tag{8-23}$$

其中，A、B、C、D 为矩阵四个分量，分别为

$$\begin{bmatrix} A & B \\ C & D \end{bmatrix} = \prod_{m=1}^{M} \begin{bmatrix} T_{11,m} & T_{12,m} \\ T_{21,m} & T_{22,m} \end{bmatrix} \tag{8-24}$$

矩阵中各元素的定义为

$$\begin{cases} T_{11,m} = \cos\gamma_m \\ T_{12,m} = \left(-j\sin\gamma_m\right)/P_m \\ T_{21,m} = -jP_m \sin\gamma_m \\ T_{22,m} = \cos\gamma_m \end{cases} \tag{8-25}$$

其中，$\gamma_m = k_0 d_m P_m$，d_m 为第 m 层厚度；P_m、P_c 及 P_s 分别为

$$P_m = \left[n_m^2 - \left(\frac{\beta_m}{k_0} \right)^2 \right]^{\frac{1}{2}} \tag{8-26}$$

$$P_c = \left[n_c^2 - \left(\frac{\beta_m}{k_0} \right)^2 \right]^{\frac{1}{2}} \tag{8-27}$$

$$P_s = \left[n_s^2 - \left(\frac{\beta_m}{k_0} \right)^2 \right]^{\frac{1}{2}} \tag{8-28}$$

其中，所有膜层的传播常数 $\beta_m = \beta_{i,v}$ 为一固定值。对 TM 波，本征方程与 TE 波类似，只要将 P_m、P_c 及 P_s 分别替换为 TM 波的 $P_{m,TM}$、$P_{c,TM}$ 及 $P_{s,TM}$，此时有

$$P_{m,TM} = \frac{P_m}{n_m^2} \tag{8-29}$$

$$P_{c,TM} = \frac{P_m}{n_c^2} \tag{8-30}$$

$$P_{s,TM} = \frac{P_m}{n_s^2} \tag{8-31}$$

同时，传播常数 β_m 仍保持不变，当共振时有

$$\beta_m = \frac{\beta_{i,v}}{k} = n_m \sin\theta_m - \frac{i\lambda}{\Lambda} \tag{8-32}$$

其中，i 为衍射级次，v 为第 m 层的导模，Λ 为光栅周期。

亚波长光栅在调制率小的情况下，其等效折射率在 TE 和 TM 模下的零级表达式可近似为

$$n_{m,TE} = [(1-f)n_{m,L}^2 + f n_{m,H}^2]^{\frac{1}{2}} \tag{8-33}$$

$$n_{m,TM} = \left[\frac{1-f}{n_{m,L}^2} + \frac{f}{n_{m,H}^2} \right]^{-\frac{1}{2}} \tag{8-34}$$

式中，$n_{m,H}$ 和 $n_{m,L}$ 分别为光栅层高折射率部分和低折射率部分的折射率；f 为光栅占空比，对于多层波导光栅结构，要有导模共振效应的发生，则结构中的折射率需满足

$$\max\{n_c, n_s\} \leqslant \left| \frac{\beta_m}{k_0} \right| = \left| n_c \sin\theta - \frac{i\lambda}{\Lambda} \right| < \max\{n_m \,|\, m = 1,2,3,\cdots\} \tag{8-35}$$

从式(8-35)中可看出，该结构中至少有一层的折射率要大于基底层和覆盖层

的折射率，导模共振效应才能发生。若该层为光栅层，n_m 为光栅的等效折射率。

8.5　共振波的相位分析

导模共振传感器的原理是基于光栅的衍射波与波导层的隐失衍射波的泄漏导模耦合。常采用亚波长光栅使导模内为±1 衍射级次，仅让零级的向前透射波与向后反射波存在，避免其他高级次的隐失衍射波传输，保证能量的集中，提高共振衍射效率。当入射光与衍射光之间的相位延迟与透射波和反射波发生相消干涉或相干干涉时，导模共振现象产生。其过程可用 Rosenblatt 提出的几何光学理论进行阐述，并对入射波与透射波间的位相关系做定量描述。

当入射光波为平面光波时，光栅 1 级衍射波 x 满足以下关系：

$$n_c k_0 \sin\theta + qK = n_w k_0 \cos\psi \tag{8-36}$$

其中，θ 为入射角；ψ 为波导内衍射角；n_c、n_g、n_w、n_s 分别为覆盖层、光栅、波导层以及基底层的折射率。$k_0=2\pi/\lambda$ 为波矢量；λ 为真空中的入射波长；K 为光栅波数；q 为衍射级次。

衍射波 x 传播至波导层时产生全反射，t 为入射光线 i 的折射光线，y 为反射光线，反射光线的一部分因光栅衍射功能从结构中出射光线 j 及光线 s，且 j、s 分别与反射光线和透射光线平行，光线 y 的另一部分在波导层内形成导模。t 与 s 间的相位差 $\varPhi$ 为

$$\varPhi_{s\text{-}t} = \varPhi_p + 2\varPhi_{r(2,1)} + 2\varPhi_{r(2,s)} + 2\varPhi_d \tag{8-37}$$

其中，$\varPhi_p$ 因波导层中的传输光线与入射光线之间的光程差导致的；$\varPhi_{r(2,1)}$、$\varPhi_{r(2,s)}$ 分别为光栅-波导交界面和波导-基底交界面由 Goos-Hänchen 漂移所引起的相位漂移；$\varPhi_d$ 为因衍射而引起的相位漂移。

由光程差导致的位相漂移 $\varPhi_p$

$$\varPhi_p = \varPhi_{\overline{ABC}} - \varPhi_{\overline{FGC}} = \varPhi_{\overline{ABC}} - \varPhi_{\overline{CE}} - \varPhi_{\overline{F'G'D}} \tag{8-38}$$

因 $\overline{DE}$ 为等位线，$\overline{AD} = p\varLambda$ 成立，其中 p 为整数。故 $\varPhi_p$ 可简化为

$$\varPhi_p = \varPhi_{\overline{ABC}} - \varPhi_{\overline{CD}} - \varPhi_{\overline{F'G'D}} \tag{8-39}$$

且 $\varPhi_p=\varPhi_{CE}$，因

$$\varPhi_{\overline{ABC}} = 2n_w k_0 d_2 \sin\psi + n_w k_0 \overline{AC}\cos\psi \tag{8-40}$$

$$\varPhi_{\overline{CD}} = n_w k_0 \overline{CD}\cos\psi \tag{8-41}$$

$$\varPhi_{\overline{F'G'D}} = \varPhi_{\overline{F''F'G'}} = n_w k_0 p\varLambda \sin\theta \tag{8-42}$$

可得

$$\Phi_p = 2n_{\mathrm{w}}k_0d_2\sin\psi + n_{\mathrm{w}}k_0p\Lambda\cos\psi - n_{\mathrm{c}}k_0p\Lambda\sin\theta \tag{8-43}$$

其中，d_2为波导层厚度；$p\Lambda$ 为 A、D 两点间距离，p 取整数。联立式(8-38)和式(8-43)，可得光程差引起的相位 Φ_p 为

$$\Phi_p = 2n_{\mathrm{w}}k_0d_2\sin\psi + qp2\pi \tag{8-44}$$

因衍射而引起的相位漂移 $\Phi_p=-\pi/2$。

式(8-39)中透射波 t 与反射波 s 间的总位相差为

$$\Phi_{s-t} = 2n_{\mathrm{w}}k_0d_2\sin\psi + 2\Phi_{r(2,1)} + 2\Phi_{r(2,\mathrm{s})} + (2qp-1)\pi \tag{8-45}$$

当共振发生时，波导层内的导模需满足条件

$$2n_{\mathrm{w}}k_0d_2\sin\psi + 2\Phi_{r(2,1)} + 2\Phi_{r(2,\mathrm{s})} = 2m\pi \tag{8-46}$$

其中，m 为整数，通过式(8-45)和式(8-46)可看出，当共振发生时，透射光线与衍射光线的总相位差为180°或π，即透射发生相消干涉。

同理，可推出反射发生相长干涉。

8.6 一种双面亚波长光栅折射率传感器

折射率是物质一个很重要的物理特性，通过测量材料的折射率，可以得到材料的光学性质、色散、浓度等物理量。在生物检测领域，通常将样品制成溶液，通过检测溶液折射率微小的变化来获得其各种性质和参数，因此折射率传感器具有重要的现实作用。最近几年，相对于其他种类的检测技术，基于微纳结构的光检测传感技术由于具有灵敏度高、操作性强、不受电磁干扰、高集成优点成为研究热点，各种光学检测技术被相继提出。这些技术包括等离子体共振传感器、环形谐振生物传感器、光子晶体光纤传感器及导模共振传感器等。

表面等离子体共振传感器利用特殊金属结构激发出的等离子体共振来实现对折射率的传感。这类传感器一般都是使用贵金属如金、银等，金属损耗较大，导致表面等离子体的损耗较大，且该方法易受到温度的影响，因此限制了其应用的范围。环形谐振生物传感器主要机理是待测物折射率的变化会导致微环谐振峰位移，通过对谐振波长位移的检测便能实现对待测物的检测，有着结构简单、体积小、灵敏度高的优点。光子晶体光纤传感器利用独特的光场调控特性，控制电磁波在晶体中的传播实现传感。但目前光子晶体结构的实际应用受到当前制备技术的限制，电子束刻蚀、聚焦离子束刻蚀形成的光子晶体结构产率低，成本高昂，

还未被广泛的应用。导模共振是一种电磁场振幅变化剧烈的共振现象，通过对共振波长位移的检测，从而获得待测物折射率的变化。基于导模共振效应的传感器有易集成、体积小、灵敏度高、抗干扰能力强的特点，且制备技术趋于成熟，不需要额外的供电或耦合设备就能实现对折射率的检测，已受到越来越多学者的关注研究。本章也将基于导模共振效应设计一种双面亚波长光栅折射率传感器。

该液体折射率传感器的结构示意图如图 8-8 所示，传感器由两个对称的波导-光栅结构组成，并用两块薄板夹在中间，形成一个密封的腔体。每一侧的波导-光栅结构基于导模共振效应都由光栅层和波导层组成，其材料分别是硅(Si)和二氧化硅(SiO_2)。待测液从腔体内流入流出，用光谱仪对出射光进行光谱检测，当腔内待测液的折射率有明显变化时，透射光谱的峰值波长会发生不同的位移，通过对位移的测量即可推出待测液的折射率。且因为此种结构是让待测液流经腔体，不会与高强度入射激光直接接触，避免了待测液与入射激光的直接接触所可能产生的物理化学性质和生物活性的变化，实现了无损检测，这也是本结构的一个创新点。

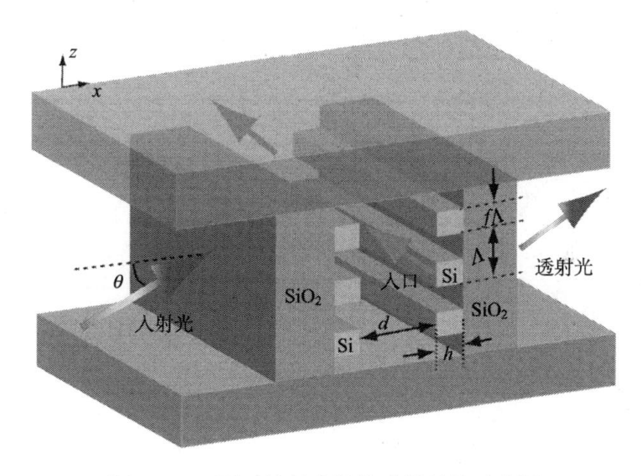

图 8-8　双面亚波长光栅传感器结构示意图

对于单个的波导-光栅传感器，当传感器受到入射光照射时，部分入射光衍射进入波导层，当衍射光与波导层所支持的泄漏导模相位匹配时，发生导模共振，反射光获得极高的反射率，当光栅覆盖层折射率改变时，共振波长发生位移，且位移大小与待测液的折射率呈比例关系。

当两个相同的波导-光栅结构靠近放置时，两个波导-光栅结构会发生相互作用，相互作用有两种途径：一种是两个可被视为谐振器的波导-光栅结构的直接耦合，另一种是两个结构中的泄漏波和衍射波通过自由空间传播的间接耦合。

图 8-9 为简化的双面亚波长波导-光栅结构，以便于对其模式间的耦合进行分析。假设每个波导-光栅结构都有入射光波对其进行泄漏导模激发，由于泄漏导模的特性，当它通过波导光栅传播时会向外辐射出波，共振时产生 100%的反射。故在共振附近的频率处，我们可将波导-光栅结构建模为一谐振器，其与波传播信道侧耦合，具有诸如谐振器的谐振频率和衰减率之类的物理参数。其衰减率与光栅的调制指数相关，且由导模共振的品质因子 Q 决定

$$Q=\frac{\omega_0\tau}{4} \tag{8-47}$$

其中，ω_0 是共振频率；$1/\tau$ 为一个方向上的衰减率。当两个一样的波导光栅靠近放置时，它们的导模会发生隐失耦合，从而形成两个奇偶对称的超模态。这两个超模态不同的色散特性会在这两个耦合的光栅内产生两个分离的共振。除了导模的隐失耦合之外，来自每个光栅的泄漏波(输出波)将以相位延迟激励另一个。这两种相互作用使得双面波导-光栅结构的共振结果相较单光栅有巨大的不同。

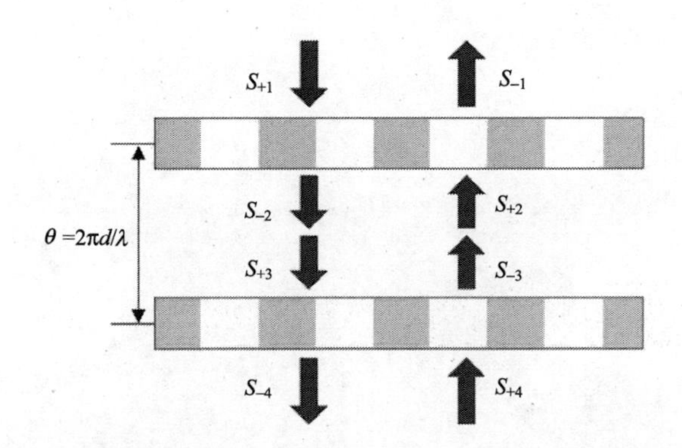

图 8-9　简化的双面亚波长波导-光栅结构

首先对所设计的双面亚波长光栅传感器的传感性能进行数值模拟，通过严格耦合波理论法，得到该传感器的衍射光谱。图 8-10 为设计的双面亚波长光栅传感器在 TM 偏振光正入射下的透射光谱图。进行模拟的结构的具体参数为：待测液折射率 n=1.333，光栅折射率 n_2=3.5，波导层折射率 n_3=1.46，腔体高度 d=1.55μm，光栅层厚度 h=0.47μm，光栅占空比 f=0.64，光栅周期 Λ=0.645μm。

从图 8-10 中我们可以看到，该结构的透射光谱图中出现了三个共振透射峰，即光照射在该结构上，由于两个波导-光栅结构的衍射波和泄漏波之间的耦合，该传感器支持三个级次的共振模式，每个模式所在波长范围不同，且都有很高的衍

射效率、极窄的带宽以及极低的旁带响应，在实际运用中可以根据不同入射激光器的波长选取用来传感的模式。在本章，都将用峰值半峰全宽(full width at half maximum, FWHM)的数值对带宽进行定量的描述。在此参数之下，三个级次模式所在的共振波长分别为 1285nm、1453nm 和 1610nm，半峰全宽在 2nm 左右且旁带透射率都小于 0.01。

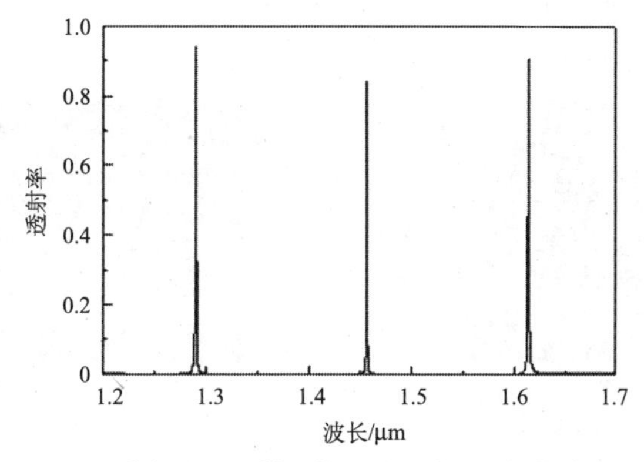

图 8-10　TM 偏振光正入射下的双面亚波长光栅传感器透射率

当两光栅间腔体内待测液的折射率发生改变，共振波长会发生位移，透射峰带宽也会发生变化。图 8-11 为当折射率在 1.3～1.5 的范围内变化时，该双面亚波长光栅传感器的透射光谱响应图。1.3～1.5 这个折射率范围覆盖了大多数溶液的折射率，如甘油、蔗糖溶液以及生物医学中所需测量的葡萄糖溶液、蛋白质溶液等。从图 8-11 中可看出，每个级次模式的共振波长的位置和带宽都在随着折射率的变化而发生改变。当两光栅间腔体内的待测液折射率在给定范围内不断增大时，三个级次模式的共振波长都向长波长方向移动，衍射效率峰值和带宽都有着变小的趋势。

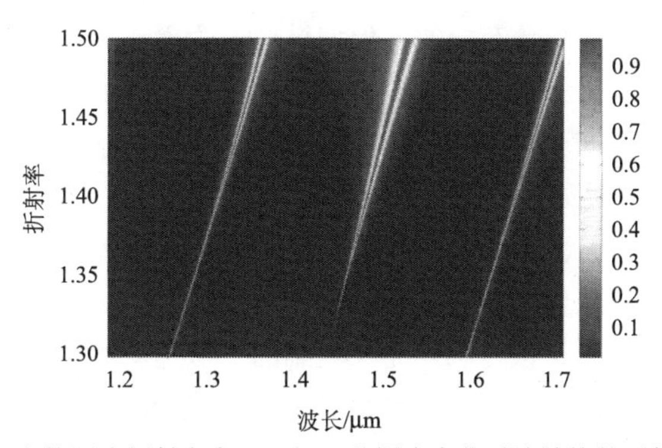

图 8-11　当待测液折射率在 1.3～1.5 范围内变化时该结构的透射光谱图

图 8-12 为该结构在所激发的三个共振波长处的归一化磁场强度分布图，从图中可看到在波导区域有一高强度增强和集中的磁场。场强度分布在 X 方向，在波导区域处形成了能量的集中，这是导模共振的典型特征，此时泄漏导模与衍射光波发生位相匹配，能量被重新分布而在此达到最大。令入射电磁波磁场强度 $E_0=1$，绝对值 $|E|/|E_0|$ 为磁场归一化强度。三个波长处的场强最大值相差不大，且都在波导层有着明显的场增强。

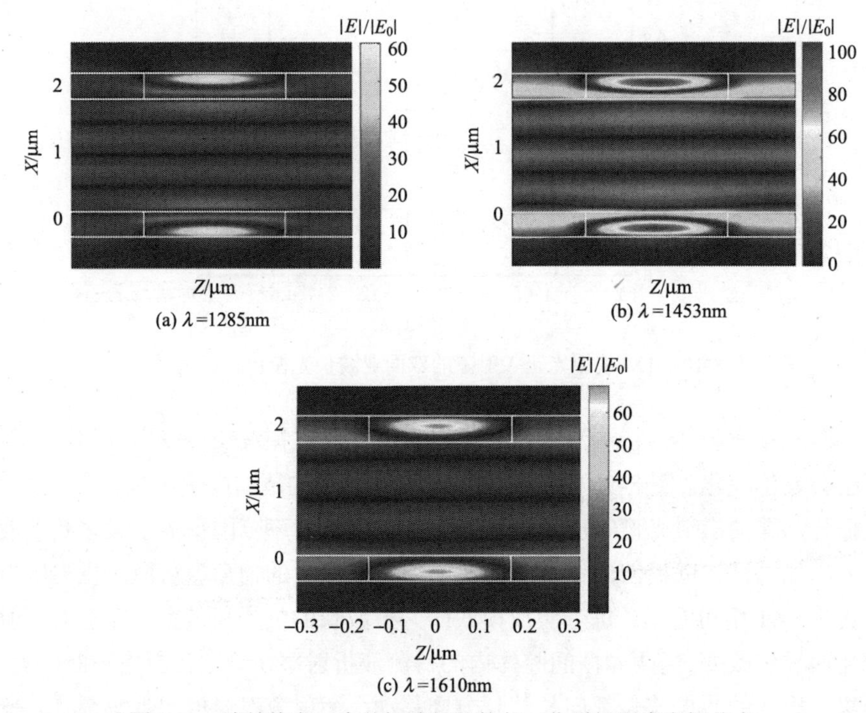

(a) λ=1285nm　(b) λ=1453nm　(c) λ=1610nm

图 8-12　该结构在三个共振波长处的归一化磁场强度空间分布

尽管三个模式的磁场分布相似，但通过对三个模式的透射光谱进行比较，在较长波长处的第二和第三模式的透射峰的半峰全宽更宽，短波长处的第一模式的透射峰值更高，峰值波长与折射率变化的线性程度也更好。为了获得更好的传感性能，即高峰值、窄带宽和完美的折射率-波长位置线性关系，我们选择在第一模式的共振峰所在的波长范围，对结构参数进行优化，通过得到最优的峰值和带宽获得能达到该传感器最优性能的结构参数。

传感器的品质取决于该传感器能探测到的折射率变化的精度。为了能够定性地对传感器品质进行评价，需要对传感器的灵敏度(S)和品质因子(FOM)进行计算，分别定义为

$$S = \frac{\Delta \lambda}{\Delta n} \tag{8-48}$$

$$\mathrm{FOM} = \frac{S}{\mathrm{FWHM}} \tag{8-49}$$

为了使传感器具有更完美的特性，需要同时考虑较大的峰值以便于检测和获得较高的 FOM，也即要较小的 FWHM。通过上一节的数据及分析，第一模式的透射峰能得到更敏感的检测，获得更好的传感器性能。下面通过分析不同的光栅周期、填充因子、光栅层厚度和腔体高度这些结构参数变化下的透射光谱响应图，结合峰形和制造加工工艺，选取最佳结构参数。

先确定最佳光栅周期，此时保持其他参数为上述模拟计算时的参数不变，整个优化过程中每得到一个结构参数的最佳值，则用该最佳值进行下一步的优化计算。首先，模拟计算了当光栅周期在 0.6～0.75μm 范围之间，第一级次模式的透射光谱响应图，计算结果如图 8-13(a)所示，从中我们可以看到产生最大透射效率的共振波长随着光栅周期的增大，向长波长处移动，透射峰带宽也随之增大。图 8-13(b)为峰值

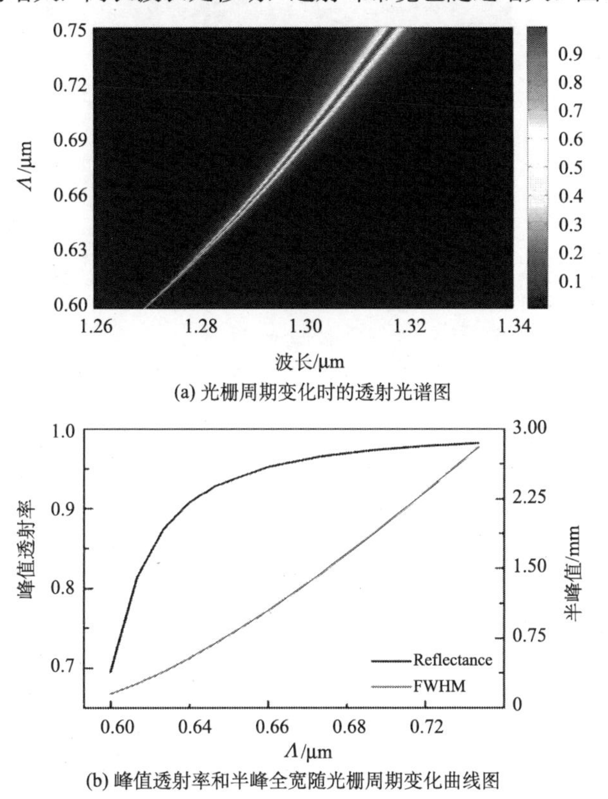

(a) 光栅周期变化时的透射光谱图

(b) 峰值透射率和半峰全宽随光栅周期变化曲线图

图 8-13　光栅周期变化时的透射光谱图和峰值透射率和半峰全宽随光栅周期变化曲线图

透射率和半峰全宽在光栅周期 0.6～0.75μm 范围内的变化曲线图，由此能直观地看到透射效率的峰值和带宽随光栅周期变化所发生的变化。从图中可以看出透射峰值也在随着光栅周期的增大而增大，但增长速度逐渐变小，增长趋势在 Λ=0.66μm 后趋于平缓，半峰全宽则与光栅周期为近似线性的变化关系。平衡考虑窄带宽、高峰值的要求，0.64μm 为最佳光栅周期。

图 8-14(a)为光栅占空比变化时的透射光谱响应图，占空比的变化范围仅考虑 0.4～0.8，在此范围外的占空比会给实际结构制备带来很大误差，因此不做分析。从图中可看出，当占空比增大时，共振波长的位置会发生红移，且在 f=0.56 处透射峰消失。该处前后的透射峰为两个不同的级次，在占空比为 0.4～0.56 时的模式，透射峰值很低，此时共振效应不明显。从图 8-14(b)中可看出，当占空比在 0.56～0.8 之间变化时，随着占空比的增大，透射效率也逐渐增大，但在 f=0.64 后无明显增强，其半峰全宽随着占空比的增大而显著变宽。故将最优占空比定为0.64。

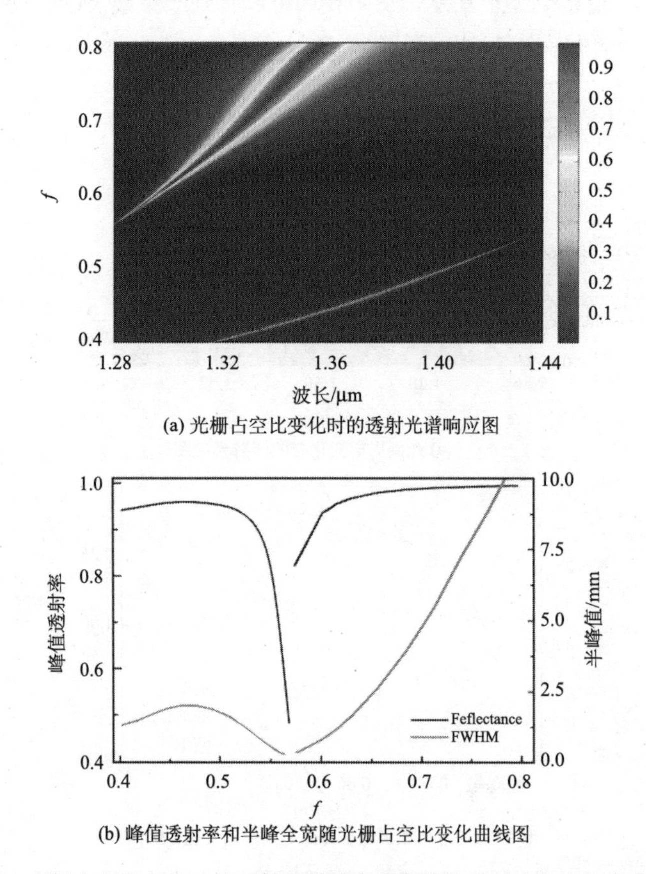

(a) 光栅占空比变化时的透射光谱响应图

(b) 峰值透射率和半峰全宽随光栅占空比变化曲线图

图 8-14　光栅占空比变化时的透射光谱响应图和峰值透射率和半峰全宽随光栅占空比变化曲线图

在对光栅结构参数进行优化后，接下来考虑两光栅间腔体高度最优值。图 8-15(a)为该结构在腔体高度 0.90～2.30μm 范围内变化时的透射光谱响应图。当腔体高度分别在 0.90～1.34μm、1.35～1.79μm、1.80～2.30μm 的小变化范围内时，透射峰值波长有着向长波长处移动至共振消失，然后产生新模式的共振的周期性，且从图 8-15(b)中可看出，在每个小的变化范围内，透射峰值都先增大后减小，半峰全宽不断地减小。相对来说，在 d=1.54μm 时透射峰值最大，半峰全宽最小，所以光栅间腔体的高度最佳值为 1.54μm。

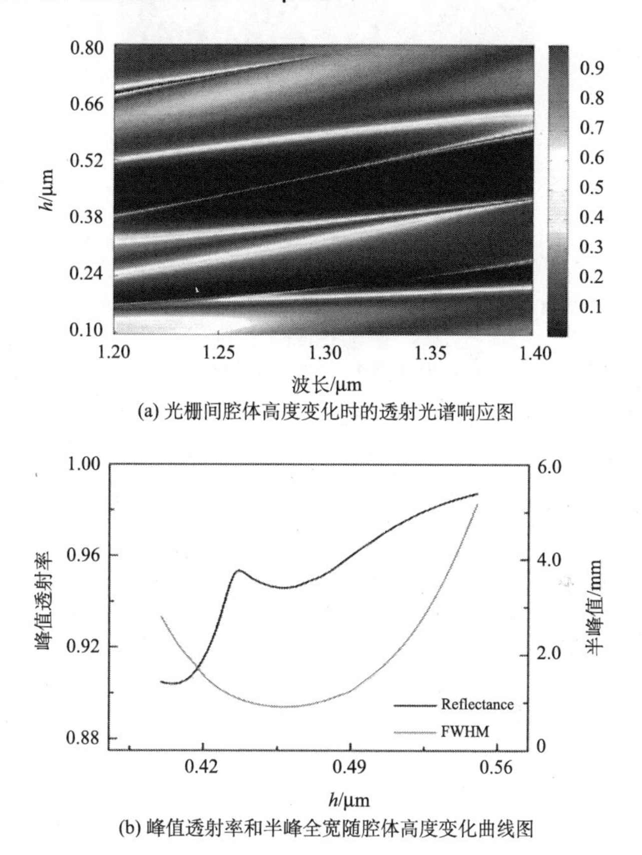

(a) 光栅间腔体高度变化时的透射光谱响应图

(b) 峰值透射率和半峰全宽随腔体高度变化曲线图

图 8-15　光栅间腔体高度变化时的透射光谱响应图和峰值透射率和半峰全宽随腔体高度变化曲线图

图 8-16(a)为该传感器在光栅厚度(即槽深)变化时的透射光谱响应图，从图中我们可以看出，只有当光栅厚度在 0.40～0.55μm 的范围内时，导模共振现象才发生，此范围之外，没有导模共振的产生，没有形成透射谱峰。当导模共振现象出现时，共振波长有着随光栅厚度的增加而增加的趋势。因此只对 0.40～0.55μm

范围内的光栅变化时的透射谱峰峰值和半峰全宽的变化进行分析，由图 8-16(b)可以看出，随着光栅厚度的增加，传感器共振透射峰值的变化趋势为先增大后减小然后又增大，而对应的半峰全宽则是先减小然后稳定增大。平衡考虑到高透射峰值与窄带宽的要求，选择 0.46μm 为最佳光栅厚度，此时透射峰值仍然很大，但半峰全宽最小，能得到很好的品质因子，且避免光栅厚度很大对制造水平的高要求。

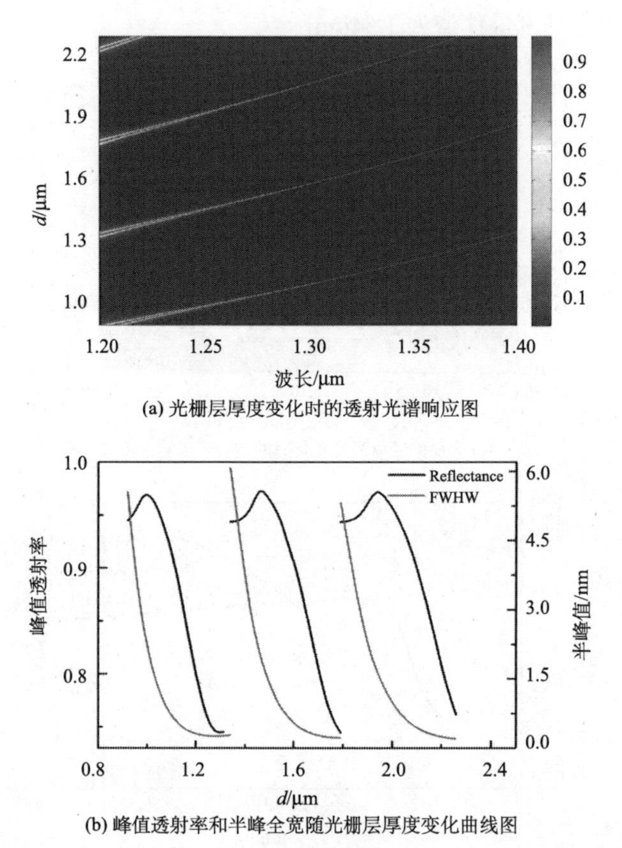

(a) 光栅层厚度变化时的透射光谱响应图

(b) 峰值透射率和半峰全宽随光栅层厚度变化曲线图

图 8-16　光栅层厚度变化时的透射光谱响应图和峰值透射率和半峰全宽随光栅层厚度变化曲线图

在对传感器结构参数进行优化后，下面对选择了最佳结构参数的传感器的性能进行计算。图 8-17 为该传感器腔体内充满不同折射率待测液时的第一级次模式透射峰。此时结构参数为n_2=3.5、n_3=1.46、d=1.55μm、h=0.47μm、f=0.64，Λ=0.645μm，依然为 TM 偏振光的正入射。对图中不同折射率下的共振峰进行观察，可以看出该传感器在不同折射率下都能产生很好的共振峰，透射效率都能达到 99%以上，半峰全宽的大小在 0.9～7nm 之间，非常适用于良好的传感检测。随着折射率的增大，透射峰值波长也在不断发生正偏移。

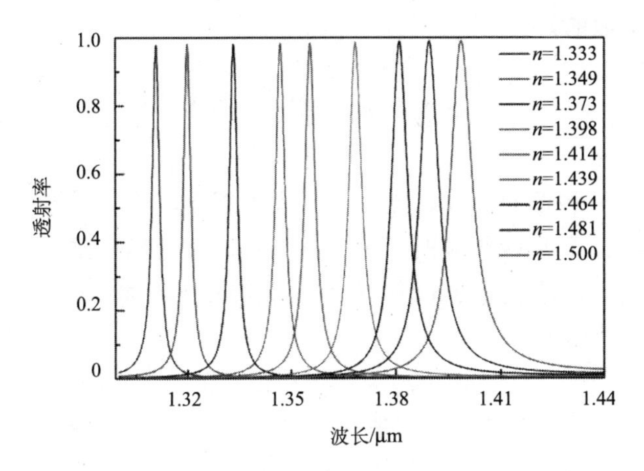

图 8-17　不同折射率下第一级次模式的透射峰

折射率与共振透射峰波长的关系如图 8-18 所示，能看到峰值波长与折射率之间的线性关系近乎完美。用线性拟合来更精确地描述这种关系，通过计算，可得到拟合曲线的数学方程为

$$\lambda_t = 0.61195 + 0.49783n \tag{8-50}$$

式中，λ_t 为透射峰值波长。由此表明该传感器的灵敏度为 497.83nm/RIU，并由式(8-50)可计算得出品质因子可达 551。结果表明这个传感器有着良好的传感性能，灵敏度和品质因子高于其他一些微流体传感器。

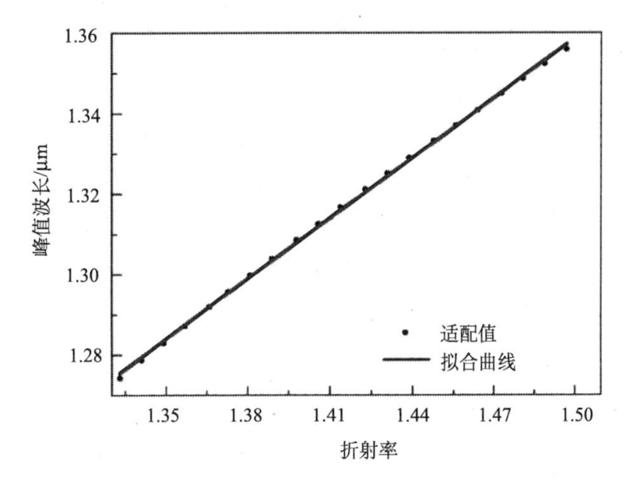

图 8-18　折射率与峰值波长线性拟合曲线

所以，根据折射率与峰值波长的线性关系，当激光正入射到该双面亚波长光栅传感器时，能够通过对其透射光谱中共振峰波长的位置得出待测液体的折射率，进而分析出待测液的其他物理信息。

8.7 本章小结

本章提出了一种双面亚波长光栅折射率传感器，该传感器由两个对称的波导-光栅结构组成，并用两块薄板夹在中间，形成一个密封的腔体。当腔内待测液的折射率有明显变化时，透射光谱的峰值波长会发生不同的位移，通过对位移的测量即可推出待测液的折射率。

本章首先对该传感器结构内波的传播和耦合进行了分析。通过将每个波导-光栅结构建模成一个谐振器，利用耦合模方法对两个谐振器之间的直接耦合和间接耦合进行分析，得出了该传感器的反射效率。之后运用严格耦合波分析方法，对该传感器的光谱特性进行了模拟计算，发现该传感器支持三个模式的共振透射，并得出了三个共振波长下的归一化磁场振幅分布。由于第一级次模式的透射峰性能更适合于提高传感器性能，所以利用对第一级次模式峰的分析，对传感器的结构参数进行优化，得到了传感器的最优结构参数为 n_2=3.5、n_3=1.46、d=1.55μm、h=0.47μm、f=0.64，Λ=0.645μm。

最后本章对选取最优结构参数的传感器性能进行了分析，得出该传感器第一级次模式峰及其峰值随折射率变化的曲线，计算出该传感器灵敏度为497.83nm/RIU，品质因子 FOM 可高达 551，具有良好的传感特性。

参考文献

[1] 唐晋发, 顾培夫, 刘旭, 等. 现代光学薄膜技术[M]. 杭州: 浙江大学出版社, 2006.

[2] Song H Y, Kim S, Magnusson R. Tunable guided-mode resonances in coupled gratings[J]. Optics Express, 2009, 17(26): 23544-23555.

[3] Moharam M G, Pommet D A, Grann E B, et al. Stable implementation of the rigorous coupled-wave analysis for surface-relief gratings: Enhanced transmittance matrix approach[J]. Journal of the Optical Society of America A, 1995, 12(5): 1077-1086.

[4] Moharam M G, Gaylord T K. Rigorous coupled-wave analysis of metallic surface-relief gratings[J]. Journal of the Optical Society of America A, 1986, 3(11): 1780-1787.

[5] Wang S S, Magnusson R. Multilayer waveguide-grating filters[J]. Applied Optics, 1995, 34(14): 2414-2420.

[6] Yariv A, Yeh P. Photonics: Optical Electronics in Modern Communications[M]. 6th ed. Oxford:

Oxford University Press, 2006.

[7] Wood R W. On a remarkable case of uneven distribution of light in a diffraction grating spectrum[J]. Proceedings of the Physical Society of London, 1902, 18(4): 269-275.

[8] Magnusson R, Wang S S. New principle for optical filters[J]. Applied Physics Letters, 1992, 61(9): 1022-1024.

[9] Wang S S, Magnusson R. Theory and applications of guided-mode resonance filters[J]. Applied Optics, 1993, 32(14): 2606-2613.

[10] Wang S S, Magnusson R. Design of waveguide-grating filters with symmetrical line shapes and low sidebands[J]. Optics Letters, 1994, 19(12): 919-921.

[11] Magnusson R, Shin D, Liu Z S. Guided-mode resonance Brewster filter[J]. Optics Letters, 1998, 23(8): 612-614.

[12] Ding Y, Magnusson R. Use of nondegenerate resonant leaky modes to fashion diverse optical spectra[J]. Optics Express, 2004, 12(9): 1885-1891.

[13] Ding Y, Magnusson R. Band gaps and leaky-wave effects in resonant photonic-crystal waveguides[J]. Optics Express, 2007, 15(2): 680-694.

[14] 周传宏, 王磊, 聂娅, 等. 介质光栅导模共振耦合波分析[J]. 物理学报, 2002, 51(1): 68-73.

[15] Wang Z S, Sang T, Wang L, et al. Guided-mode resonance Brewster filters with multiple channels[J]. Applied Physics Letters, 2006, 88(25): 251115.

[16] Sang T, Wang Z S, Zhu J T, et al. Linewidth properties of double-layer surface-relief resonant Brewster filters with equal refractive index[J]. Optics Express, 2007, 15(15): 9659-9665.

第 9 章　差分吸收激光雷达技术在大气温室气体检测中的应用

当阳光穿过大气层到达地表后，根据地球辐射理论，地面会向大气中发射红外辐射，大气中的二氧化碳等气体吸收一部分发射的辐射，维持地球表面较高的温度，这种增温效应称为温室效应。联合国政府间气候变化专门委员会(IPCC)的研究报告显示，从第二次工业革命开始到现今，尤其是 20 世纪 50 年代以来，人类持续的工业化生产活动排出的废气、化石燃料的燃烧利用、人工合成的化学氮肥以及土地资源利用状况的变化，使得大气中的温室气体逐年增加[1, 2]。随着我国工业化进程和城镇化建设不断的推进，大气污染及环境问题也已经成为目前亟待解决的问题，恶劣气候现象不断增多，厄尔尼诺现象越来越明显，全球气候变暖被列为人类面临的十大环境问题之一，温室效应会带来非常严重的自然灾害[3, 4]。特别对于中国，近 20 年来高速经济发展已经将中国推向了世界经济“大国”，国内生产总值 GDP 高居世界第二，年碳排放总量也高居世界第二[5,6]。降低我国的碳排放量，推动我国新能源技术的高速发展，合理地布局我国新旧能源的使用比例，保持我国环境的健康发展，使我国的碳排放量达到国际标准等，都必须建立在对我国大气中温室气体排放量的实时监测和对部分地区的大气中的温室气体种类和比例的监测基础之上[7]。在生态光子学技术领域中，利用差分吸收激光雷达技术，可以实现大气温室气体种类及排放量监测的目标。

9.1　差分吸收激光雷达基本原理

差分吸收激光雷达依据探测物质对发射激光的差异吸收，即两束激光的回波强度比，通过发射两束窄线宽、频率稳定、波长相近的激光束，交替地沿着同一大气途径传输，其中一束波长位于探测物质的吸收谱线吸收峰附近，该波长下激光光束与气体分子在大气传输过程中发生共振吸收，此波长称为 on-line，另一束波长位于二氧化氮吸收谱线谷底处，称为 off-line，如图 9-1 所示。两束光受到气体分子吸收作用不同，大气散射回波信号衰减不同，同时，气溶胶和空气中气体分子对这两束不同波长的光具有基本相同的散射能力，检测这两束反射光的强度差就可计算出被测气体在大气中的浓度大小[8,9]。探测原理如图 9-2 所示。在实际应用中，为消除诸多干扰对吸收效应的影响，所选取的波长对波长需尽量相近。

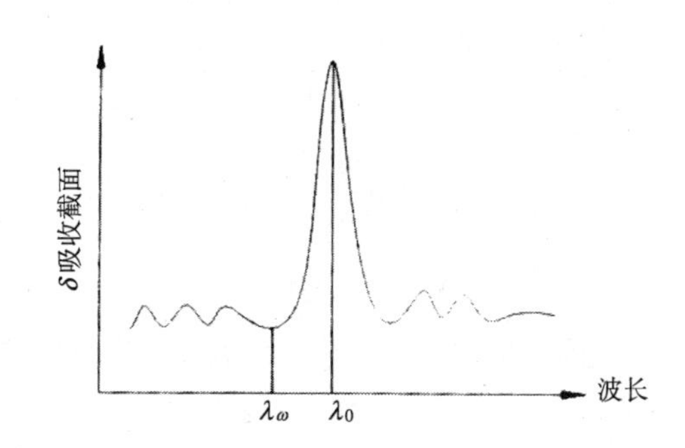

图 9-1　差分吸收峰谷波长特点

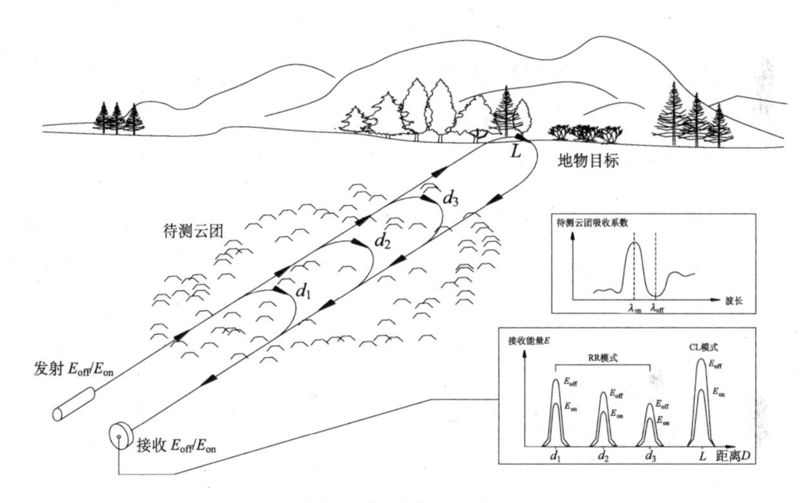

图 9-2　差分吸收激光雷达基本工作原理

根据激光雷达的基本原理，雷达发射出一束波长为 λ_0、能量为 E_0 的激光脉冲进入大气中，光脉冲在通过大气时受到散射和吸收衰减等，在时刻 t 后向散射被接收面积为 A_0 的探测接收系统接收到，其所接收的信号能量 E 为

$$E(\lambda,t)=A_0\cdot E_0\cdot\frac{\rho(z)\cdot\eta(\lambda)\cdot\beta(\lambda,z)}{z^2}\exp\left[-2\int_0^z\alpha(\lambda,z)\mathrm{d}z\right] \tag{9-1}$$

其中，ρ是目标反射系数；η是系统光学效率；α是目标气体的吸收系数；β是其他大气因素散射和吸收造成的衰减因子。

当采用差分吸收原理进行工作时，由

$$C(z)=\frac{1}{2(\alpha_1-\alpha_2)\Delta z}\cdot\left[\ln\frac{E(\lambda_{\text{on}},z)}{E(\lambda_{\text{on}},z+\Delta z)}-\ln\frac{E(\lambda_{\text{off}},z)}{E(\lambda_{\text{off}},z+\Delta z)}+B+D+\Delta l_\tau\right] \tag{9-2}$$

可以推导出某种气体的浓度值

$$B=\ln\frac{\rho(\lambda_{\text{on}},z+\Delta z)}{\rho(\lambda_{\text{off}},z+\Delta z)}-\ln\frac{\rho(\lambda_{\text{on}},z)}{\rho(\lambda_{\text{off}},z)} \tag{9-3}$$

$$D=\ln\frac{\eta(\lambda_{\text{on}})}{\eta(\lambda_{\text{off}})} \tag{9-4}$$

$$\Delta l_\tau=-2\Delta\beta\Delta z$$

其中，E 为归一化的接收能量值；Δz 为雷达系统在光路方向上的空间分辨率；λ_{on} 和 λ_{off} 分别对应气体的吸收峰与吸收谷的波长值；B 为对数差分后向散射系数；D 为系统对数差分效率；Δl_τ为差分光学厚度。式(9-2)即为距离分辨(RR 模式)的差分吸收雷达的基本方程。根据该式，在确定了系统的所需空间分辨率后，通过测量大气后向散射的不同能量值及其他相关测量参数，可以对气体浓度及距离进行确定，并进而了解温室气体的空间浓度分布等信息。

根据式(9-2)，在光程上对待测的温室气体进行积分，可以得到长程差分吸收 DIAL 雷达(CL 模式)的基本公式

$$C=\frac{1}{2(\alpha_{\text{on}}-\alpha_{\text{off}})\cdot L}\cdot[\ln(E_{\text{off}}/E_{\text{on}})+\ln(\rho_{\text{on}}/\rho_{\text{off}})+\ln(\eta_{\text{on}}/\eta_{\text{off}})-2L(\beta_{\text{on}}/\beta_{\text{off}})] \tag{9-5}$$

其中，E 是归一化接收能量；L 是待测目标气体云团在光程方向上的厚度。从上式可以看出，被探测气体的浓度与归一化接收非共振能量和共振能量之比的对数成正比，与共振吸收系数和非共振吸收系数之差成反比，与作用距离成反比。另外，目标反射率、系统光学效率和大气衰减因子对两束激光的差异(即为波长的函数)也影响到被测气体的浓度测量。

从式(9-2)、式(9-5)中可以看出，采用 RR 模式和采用 CL 模式对温室气体进行测量的基本公式具有相似的结构。当温室气体的吸收峰与吸收谷的波长接近时，大气的光学性质及雷达系统的工作参数均可以认为相同。因此，此时对温室气体的浓度测量都可以转变为对所接收到的激光回波能量的测量。即差分吸收雷达基本方程可以变为

$$C(z)=\frac{1}{2(\alpha_1-\alpha_2)\cdot\Delta z}\cdot\left[\ln\frac{E(\lambda_{\text{on}},z)}{E(\lambda_{\text{on}},z+\Delta z)}-\ln\frac{E(\lambda_{\text{off}},z)}{E(\lambda_{\text{off}},z+\Delta z)}\right] \tag{9-6}$$

$$C = \frac{1}{2\left(\alpha_{\text{on}} - \alpha_{\text{off}}\right) \cdot L} \cdot \ln(E_{\text{off}} / E_{\text{on}}) \tag{9-7}$$

差分吸收激光雷达的探测灵敏度取决于该系统的最小可分辨的接收能量的相对变化量。根据上式，可得到最小可探测浓度 $C_{\min}$ 的表达式为

$$C_{\min} = \frac{\Delta E_{\min}}{2 \cdot \left(\alpha_{\text{on}} - \alpha_{\text{off}}\right) \cdot \Delta z_{\min}} \tag{9-8}$$

其中，$\Delta E_{\min}$ 为系统可分辨的最小能量变化。假设采用 8 位分辨率的高速 A/D 采样，则其可分辨的最小信号变化为 $1/2^8=1/256$。表 9-1 为在 $\Delta E_{\min}=0.01$、$\Delta z=100\text{m}$ 的条件下，采用差分吸收技术的部分气体的最小可探测浓度[10]。

表 9-1　常见气体的最小可探测浓度

气体成分	激光器	$\lambda_{\text{on}}/\mu\text{m}$	$\lambda_{\text{off}}/\mu\text{m}$	$\Delta\sigma/(10^{-18}\text{cm}^2)$	$N_{\min}/(10^{-3}\text{mg/L})$	市区大气中的典型浓度 /(10^{-3}mg/L)
NO	CO_2,×2	5.316	5.306	0.047	0.42	
CO_2	CO_2,×2	4.877	4.867	4.45×10^{-4}	44	300～500
		4.877	4.861	5.76×10^{-4}	34	
H_2O	CO_2	10.260	10.247	3.02×10^{-5}	650	
O_3	CO_2	9.504	9.569	0.432	0.045	
NH_3	CO_2	9.217	9.227	2.2	0.0089	
	CO_2	10.7		1.2	0.016	

另外，对于影响差分吸收的测量精度及误差，根据式(9-2)，在取 M 次测量数据后，浓度的方差 σ_C^2 可以由下式给出：

$$\frac{\sigma_C^2}{C} = \frac{1}{M}\left\{\frac{\sigma_{\Delta\sigma}^2}{(\Delta\sigma)^2} + \frac{1}{4(\Delta\sigma)^2 C^2 (\Delta z)^2}\left[4\frac{\sigma_E^2 - B(E)}{E^2(z)} + \sigma_B^2 + \sigma_{l_\tau}^2\right]\right\} \tag{9-9}$$

上式表明，浓度方差受下列因素的影响：测量次数 M，差分吸收截面起伏方差 $\sigma_{\Delta\sigma}^2$，接收能量起伏方差 σ_E^2，接收能量协方差 $B(E)$，对数差分后向散射系数起伏方差 σ_B^2 和差分光学厚度起伏方差 $\sigma_{l_\tau}^2$ 等。这些量是随机的，因而限制了差分吸收技术的测量精度。根据相关文献，其中的吸收截面测量取值误差为 10%～20%，可以通过优化激光器的输出支线波长稳定性等措施来解决；而接收能量起伏可以通过大口径天线、窄带滤波片以及减少波长脉冲对的发射时间间隔等措施来进行优化；此外，大气中气溶胶及目标反射率的变化及其他气体分子的干扰等，都会对测量的结果造成一定的误差，这些误差都可以通过不同的算法技术，以及

多波长差分吸收测量技术、误差修正等来进一步减少。表 9-2、表 9-3 分别为 CO_2 激光波长上气溶胶散射、不同地物目标回波对差分吸收测量的测量误差影响。

表 9-2　CO_2 激光波长上气溶胶散射所引起的测量误差[11,12]

气体分子	λ_{on}/μm	λ_{off}/μm	$\Delta\nu$/cm^{-1}	$\Delta\sigma$/(10^{-18}cm^2)	N_{min}/(10^{-6}mg/L)	100m 长度的测量误差/(10^{-6}mg/L)			
						U,48%	U,90%	C,48%	C,90%
NH_3	9.220	9.230	1.2	2.16	9.1	5	3	3	2
	9.220	9.261	4.8	2.20	8.9	18	11	11	7
C_2H_2	10.532	10.513	1.7	1.09	18	15	25	11	22
	10.532	10.674	12.7	1.21	16	100	170	75	150
氟利昂 11	9.230	9.240	1.2	0.439	4.5	19	5	4	13
	9.261	9.536	31.2	1.14	17	190	52	43	130
	9.488	9.473	1.7	0.243	81	38	43	2	47
O_3	9.504	9.586	9.0	0.471	42	100	120	4	130

U：城市气溶胶模式；C：大陆型气溶胶模式；48%，90%：相对湿度。

表 9-3　用地物反射目标作差分吸收测量时的测量误差　（单位：10^{-6}mg/(L·km)）

气体分子	λ_{on}/μm	λ_{off}/μm	$\lvert\Delta\lambda\rvert$/nm	硅砂	黏土	水	沥青
O_3	0.2923	0.2940	1.7	−2			
SO_2	0.3001	0.2998	0.3	0.08			
NO_2	0.4481	0.4465	1.6	0.76	4.5		
CH_4	1.665	1.663	2	27	120		
CH_4	3.392	3.3911	0.9	—	0.2	−0.6	−14
HCl	3.636	3.855	219	330	−87	87	−870
HCl	3.636	3.613	23	−33	9.5	−9.5	66
CH_4	3.715	3.752	37	430	−170	141	−135
CH_4	3.715	3.698	17	−200	80	66	61
N_2O	3.890	3.876	14	−120	26	16	185
N_2O	3.890	3.915	25	−210	−45	28	−360
CO	4.641	4.647	6	0	0.5	0	−76
CO_2	4.877	4.861	16	−61000	−2200	0	1100
CO_2	4.877	4.874	3	−8400	−330	0	150
NO	5.316	5.306	10	46	63	−12	−23
NH_3	9.217	9.227	10	1	0.26	0.25	
O_3	9.458	9.457	1	−4.8	−2	−0.6	
O_3	9.504	9.569	65	66	−30	10	

续表

气体分子	λ_{on}/μm	λ_{off}/μm	$\lvert\Delta\lambda\rvert$/nm	硅砂	黏土	水	沥青
O_3	9.604	9.586	18	−25	−8.6	−6	
H_2O	10.260	10.247	13	−69000	−38000	−34000	
C_2H_4	10.532	10.551	19	25	1.3	1.2	
C_2H_3Cl	10.608	10.588	20	12	−6.5	−5.6	

9.2　主要温室气体成分及特性

9.2.1　大气中主要温室气体及其影响

温室气体中 CO_2 的影响超过了 50%，因此计算以 CO_2 为例，首先分析了 CO_2 气体浓度随离地面高度的分布规律[12-14]。如表 9-4 所示。

表 9-4　不同高度大气密度分布图

高度/m	密度/(kg/cm^3)
0	1.225
1500	1.058
3001	0.909
5505	0.697
7008	0.589
9013	0.466
11019	0.364
15035	0.194
20063	0.088
30142	0.018
32162	0.0132
47350	0.00143
51413	0.000861

根据表中数据，用指数函数拟合得到公式

$$\rho = 1.26303 \times \exp(-H / 9095) - 0.0137 \tag{9-10}$$

由拟合公式的规律可得不同高度下的大气密度分布如图 9-3 所示。

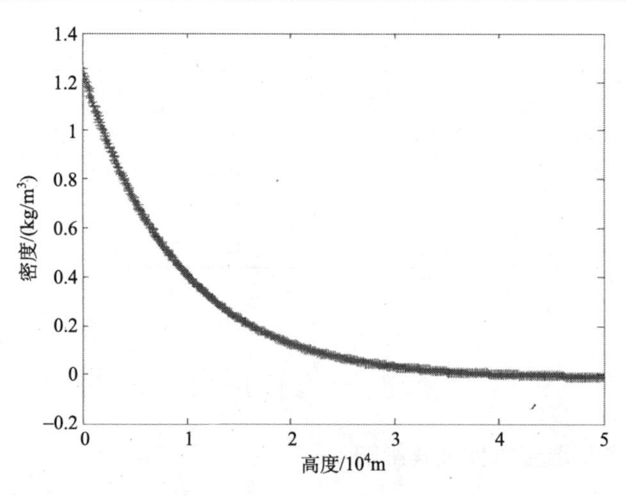

图 9-3　不同高度大气密度分布

由于 CO_2 在大气中是充分混合的，在 0～10km 高度内 CO_2 的本底含量约为 322×10^{-3}mg/L，在 11～20km 的低平流层还有 321×10^{-3}mg/L，再向上延伸，CO_2 的含量则急剧下降，在高平流层内只剩下 0.6×10^{-3}mg/L。我们发现(不包括人为影响)，在对流层和低平流层的 CO_2 浓度几乎不变，是恒定值，以 20km 为界，20～50km 之间曾直线下降至零。

由于人类活动频繁，在2020～2030年，CO_2 的初始浓度估计增长到 600×10^{-3}～1000×10^{-3}mg/L，但是在大气中的分布规律不会有大变化。产生温室效应的气体包括水汽、CO_2、CH_4、N_2O、CFCs、O_3。CO_2 在空气中的比例很少(0.03%)，但其是产生温室效应的气体当中最重要的气体，对温室效应带来的贡献最大。CO_2 在地球不同生态系统之间不断地交换、转换和循环，涉及范围很广泛，程度很大，状态多变，机制也比较复杂。表 9-5 和表 9-6 是根据各种温室气体在大气中所占的比重以及根据各气体影响温室效应的物理与化学机制的能力进行统计分析，从而得到的各温室气体成分在所有温室气体中所占的大小[15,16]。

表 9-5　主要温室气体参数表

大气变量	工业化前的大气浓度/(mg/L)	工业化后的大气浓度/(mg/L)	浓度变化率/(mg/(L·a))	气体寿命
CO_2	278×10^{-3}	385×10^{-3}	1.4×10^{-3}	50~200
CH_4	0.715×10^{-3}	1.741×10^{-3}~1.865×10^{-3}	0.005×10^{-3}	12
N_2O	0.270×10^{-3}	0.321×10^{-3}~0.322×10^{-3}	0.26×10^{-3}	114
SF_6	0	5.6×10^{-9}	Linear	3200
CF_4	40×10^{-9}	74×10^{-9}	Linear	>50000

表 9-6　不同气体寿命及温室效应影响因素表

气体种类	气体寿命	影响值
CO_2	50~200	1
CH_4	12	21
N_2O	114	310
HFC-23	264	11700
HFC-32	5.6	650
HFC-125	32.6	2800
HFC-134a	14.6	1300
HFC-143a	48.3	3800
HFC-152a	1.5	140
HFC-227ea	36.5	2900
HFC-236fa	209	6300
HFC-4310mee	17.1	1300
CF_4	>50000	6500
C_2F_6	10000	9200
C_4F_{10}	2600	7000
C_6F_{14}	3200	7400
SF_6	3200	23900

从表 9-5 和表 9-6 中不难看出 CO_2、CH_4、N_2O 对大气温室效应的贡献最大。分别为 385×10^{-3}mg/L、37.863×10^{-3}mg/L、99.51×10^{-3}mg/L，因此可以看出考虑到这三种气体的浓度和升温能力，它们对大气温度升高的综合指标排名为：CO_2> N_2O> CH_4。因此 CO_2 气体的研究成为温室气体研究中的核心问题。

CO_2 在大气中是除了水汽浓度最高的温室气体，其化学性质比较稳定，吸收长波辐射作用比较强，因此大气 CO_2 浓度的不断增加将会影响长波辐射的传播，对全球的气候变化产生相应的影响。全球不同区域不同观测手段直接和间接的测量结果显示，自工业革命以来，人类活动对大气 CO_2 浓度增长的作用特别明显。随着人类工业生产活动和人类社会的发展、各种燃料和生物能源的大量燃烧、土地利用方式的变化等不同因素的变化，大气 CO_2 浓度含量增加。全球大气 CO_2 浓度在 1959 年为 315.98×10^{-3}mg/L，到 2009 年达到了 387.75×10^{-3}mg/L。2010 年全球大气 CO_2 已达到 389×10^{-3}mg/L，并且保持不断上升的趋势。2016 年 3 月为 404.16×10^{-3}mg/L。IPCC 报告指出，1750 年以来大气中 CO_2 浓度增加的辐射强度约为 1.66W/m^2，其占大气中所有的长寿命温室气体辐射强度的 64%。作为引起全球气候变暖问题的重要温室气体，全球范围内大气 CO_2 浓度的监测变化研究工作对研究全球气候变暖状况具有非常重要的现实意义[17-19]。

据美国国家海洋与大气管理局(NOAA)发布的数据，在 2012～2017 年，全球的 CO_2 分布呈波浪形的增长趋势，如图 9-4 所示，以每年约 3×10^{-3}mg/L 的数量增加，随着世界人口的急剧增加，CO_2 的增长率有变大的趋势[20]。

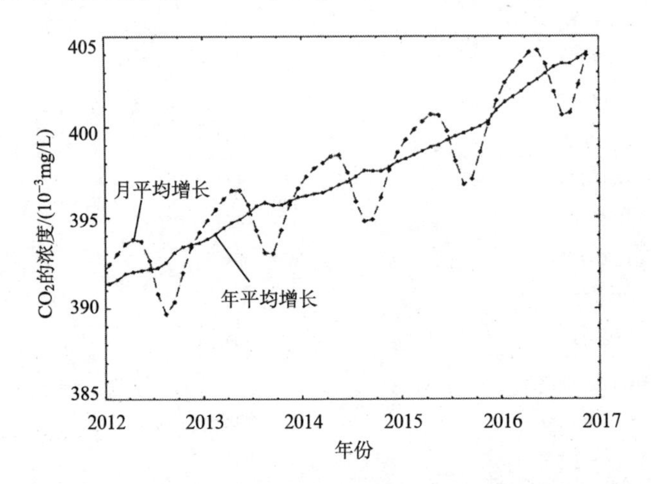

图 9-4　2012～2017 年，全球 CO_2 气体分布增长变化率

9.2.2　温室气体特征数据库和成分识别

对温室气体的主要成分 CO_2、N_2O、CH_4 的特征吸收谱的研究是整个数据库和成分识别算法研究的基础，如图 9-5～图 9-7 所示。通过研究三种主要温室气体的吸收谱线，选择合适的工作波长，既能够实现高灵敏度的探测，又可避免其他气体的干扰[21,22]。

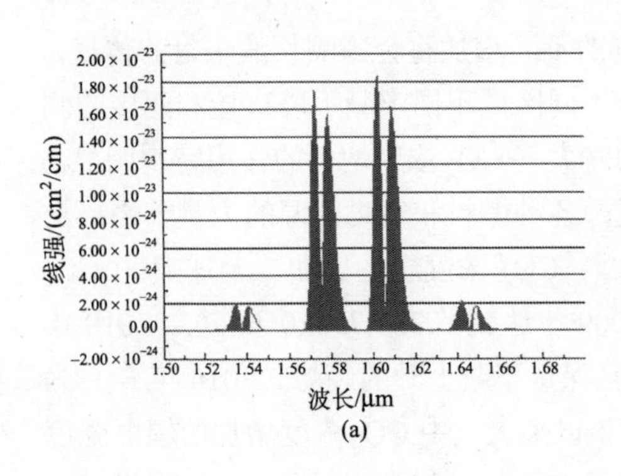

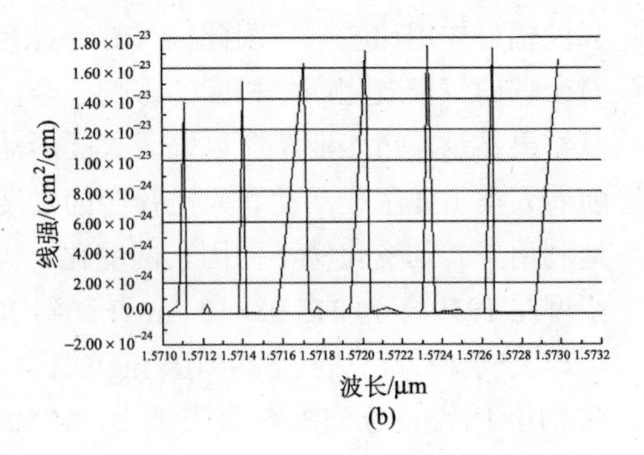

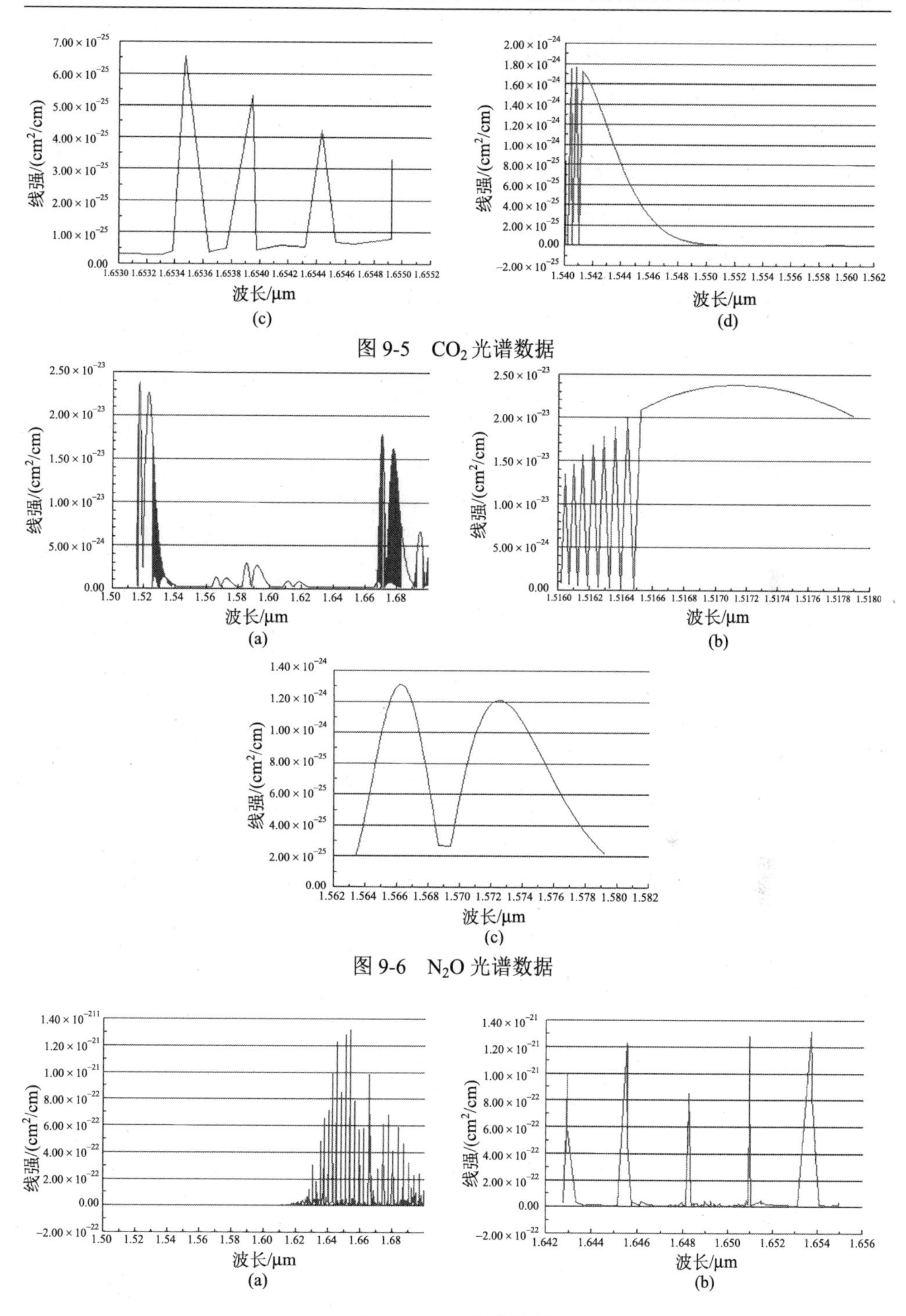

图 9-5　CO_2 光谱数据

图 9-6　N_2O 光谱数据

图 9-7　CH_4 光谱数据

其他气体(可能干扰气体)，如图 9-8～图 9-10 所示。

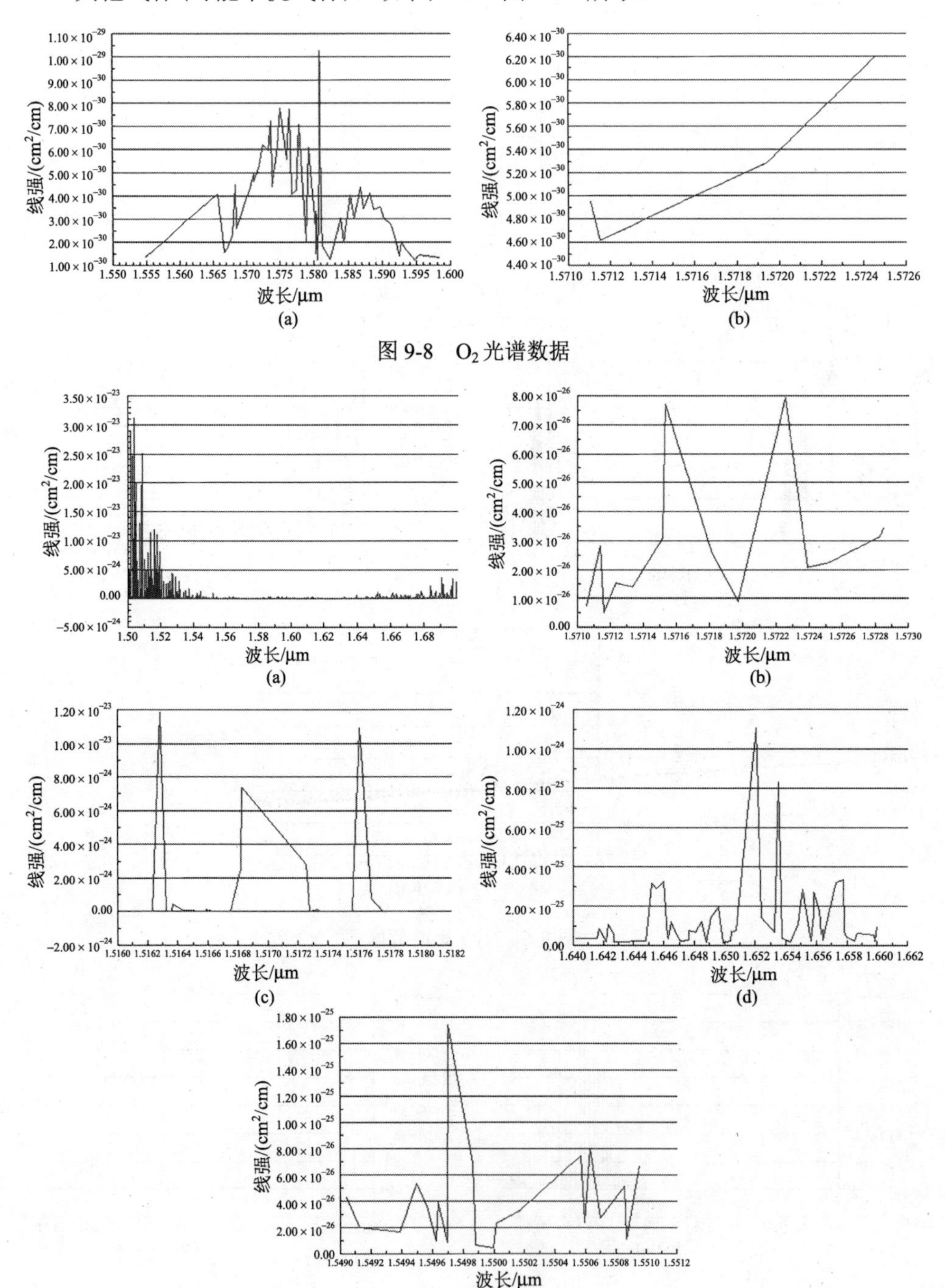

图 9-8　O_2 光谱数据

图 9-9　H_2O 光谱数据

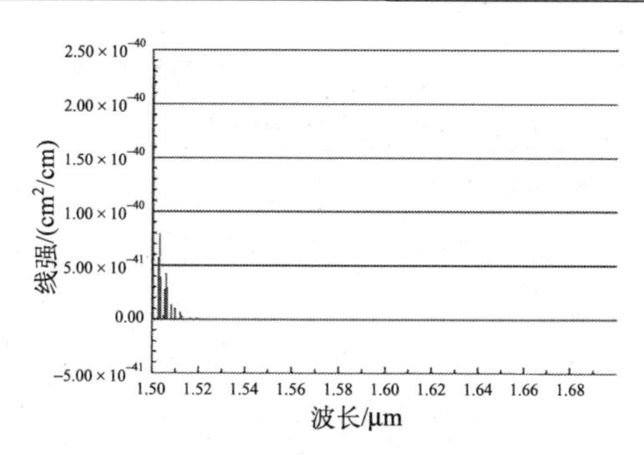

图 9-10　NO 光谱数据

为了寻找适合 CO_2 光谱探测的波段，需要准确地分析各个 CO_2 吸收或发射带的影响因素。大气 CO_2 的振动-转动特性决定了其主要吸收特征处于近红外-红外区，CO_2 分子是典型的对称线型分子(O—C—O)，其在 2.7μm 区、4.3μm 区和 11.4～20μm 区都有强的吸收带，在 1.4μm、1.6μm、2.0μm、4.8μm、5.2μm、9.4μm 和 10.4μm 处出现弱的吸收带，其中 4.8μm 和 5.2μm 只有在高浓度时才产生显著的吸收。总体上来看，CO_2 分子的吸收和发射光谱比较复杂。而 CO_2 气体光谱整体分布特点是整个研究的基础，因此需要非常详细地分析 CO_2 光谱特征(吸收线的位置、线强、线宽等)。HITRAN 数据库是美国哈佛大学建立的高分辨率大气光谱数据库，全球关于大气光谱的研究绝大部分都以此数据库为基础，其中包含了绝大部分大气光谱数据。在 HITRAN 数据库中几乎可以查询到 CO_2 各个波段的光谱，其中还包括可能存在的干扰气体(O_2、N_2 等气体)光谱。将各波段的光谱数据进行整理、分析、对比，总结满足研究要求波段的光谱特性。

在得到 CO_2 光谱特征之后，需要研究其光谱传输至探测仪器过程中的变化状况。辐射光谱能量在大气传输过程中，会与大气中的分子、气溶胶等组分发生相互作用，导致辐射能量发生变化，正是辐射传输过程中的这种变化，使得观测光谱中包含了大气组分的吸收、发射和散射等特征。大气中的辐射能量主要分为两部分：太阳的短波辐射和地气系统本身的热辐射。地球大气中的不同成分会根据自身特点对穿过大气层的辐射能量进行选择性吸收，导致大气在不同波段的透过参数有所差异。在短波区域相对透明，在长波区有很强烈的吸收特征。分子纯转动跃迁产生的光波波长大多位于远红外和微波波段，跃迁过程受外界条件的干扰，能级发生变化导致谱线增宽。辐射能量在传输的过程中同时存在散射和吸收的影响。由于 HITRAN 数据库中仅包含了标准状态(296K，1atm)下的吸收线参数，在实际应用过程中必须按照温度与压强条件对其进行校正。在低空大气中碰撞加宽占主要作用，因此只需要考虑洛伦兹加宽对线强函数的修正，在此基础上根据 K 分布算法来计算大气分子吸收的光谱传输特性[23]。

结合多种温室气体的特征谱线图以及特征数据库，对采用多波长激光来实现多种类温室气体的定性及定量分析进行研究，找出最佳波长发射数量与顺序，以优化系统工作，降低系统的压力。

9.3 典型温室气体差分吸收激光雷达功能结构

温室气体探测激光雷达主要分为以下几个部分：捷变频窄线宽 OPO 激光器系统[24]、能量监测系统、望远镜发射接收系统、弱信号相干探测系统和中央处理控制系统，如图 9-11 所示。

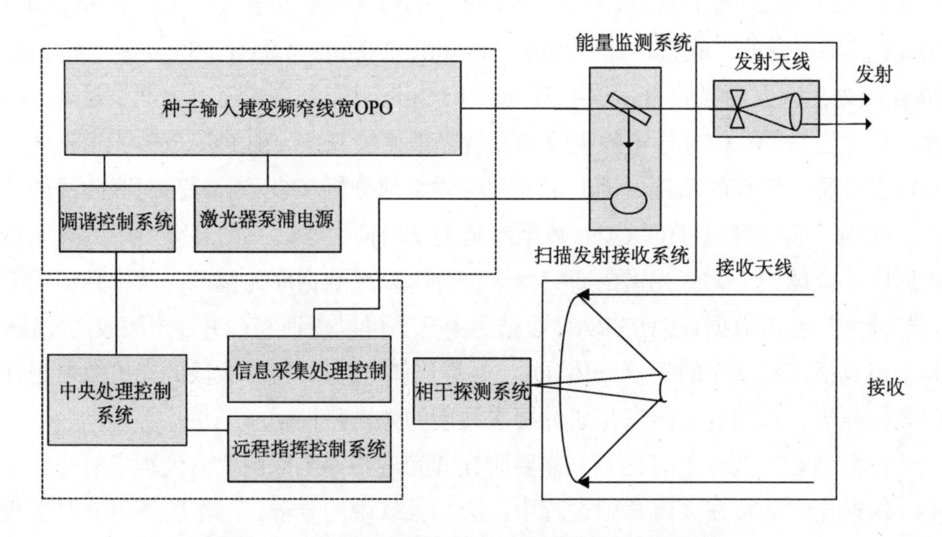

图 9-11　温室气体探测差分吸收激光雷达结构框图

整机工作流程如图 9-12 所示。系统启动之后首先进行自检，其作用是保证系统的所有器件都能正常工作。主要包括以下方面：平台供给电源电压和电流，DFB 种子激光器的输出功率和输出波长，OPO 的泵浦源 DPSSL，OPO 激光器输出能量、输出波长、激光重复频率和激光脉宽，声光移频器的性能，发射和接收望远镜的同轴和平台的通信接口等。如果所有器件都正常工作，那么可以进行温室气体的差分吸收数据测量。如果某个部件出现异常，立即进行器件的校准或启用备用器件，然后再进行自检，直到系统都能正常工作。对应某一被探测气体，在一

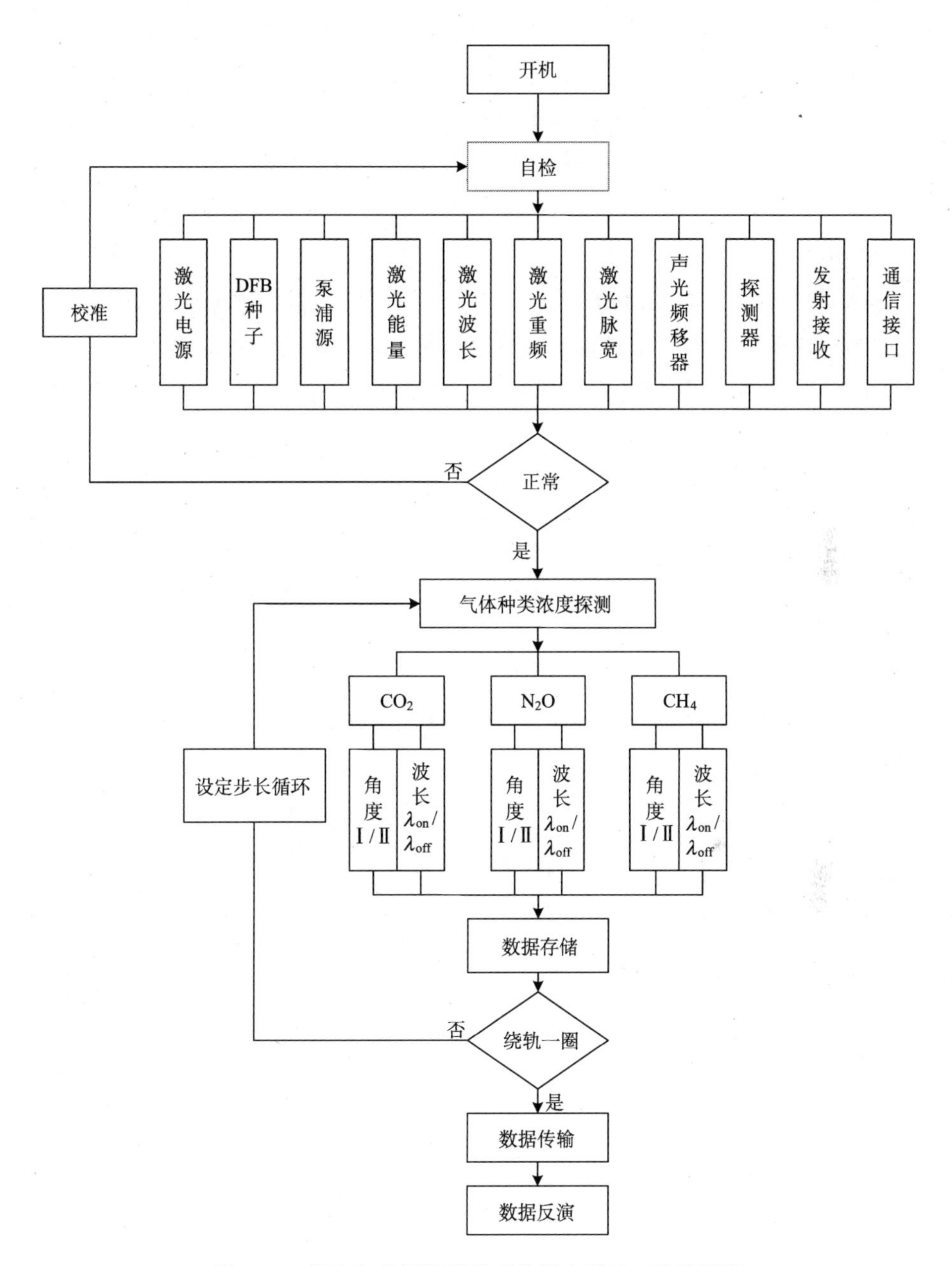

图 9-12　温室气体探测差分吸收激光雷达工作流程图

个步进之内，需要完成角度Ⅰ/Ⅱ和波长 $\lambda_{on}/\lambda_{off}$ 的切换探测。双角度探测可以实现温室气体浓度的距离分辨，双波长是实现温室气体浓度的差分探测。可以根据对温室效应的影响大小顺序 CO_2、N_2O 和 CH_4 分别进行探测，按照空间分辨率设定扫描步长，每个步长周期内分别测得三种气体的数据进行数据储存，然后按照设定的步长循环。当空间平台完成绕轨一圈时，完成数据传输，最后由总控计算机实现参数的计算和数据的反演，得到轨道所覆盖范围的主要温室气体的浓度和空间分布状况[25-27]。

总体研究方案如图 9-13 所示[28,29]。DFB 种子激光器由电流控制模块和 TEC 稳定控制模块实现输出功率和输出波长的调整，以期达到 OPO 激光的注入要求。四个 DFB 种子光同时耦合到光纤开关中，由光纤开关控制种子光不同波长的切

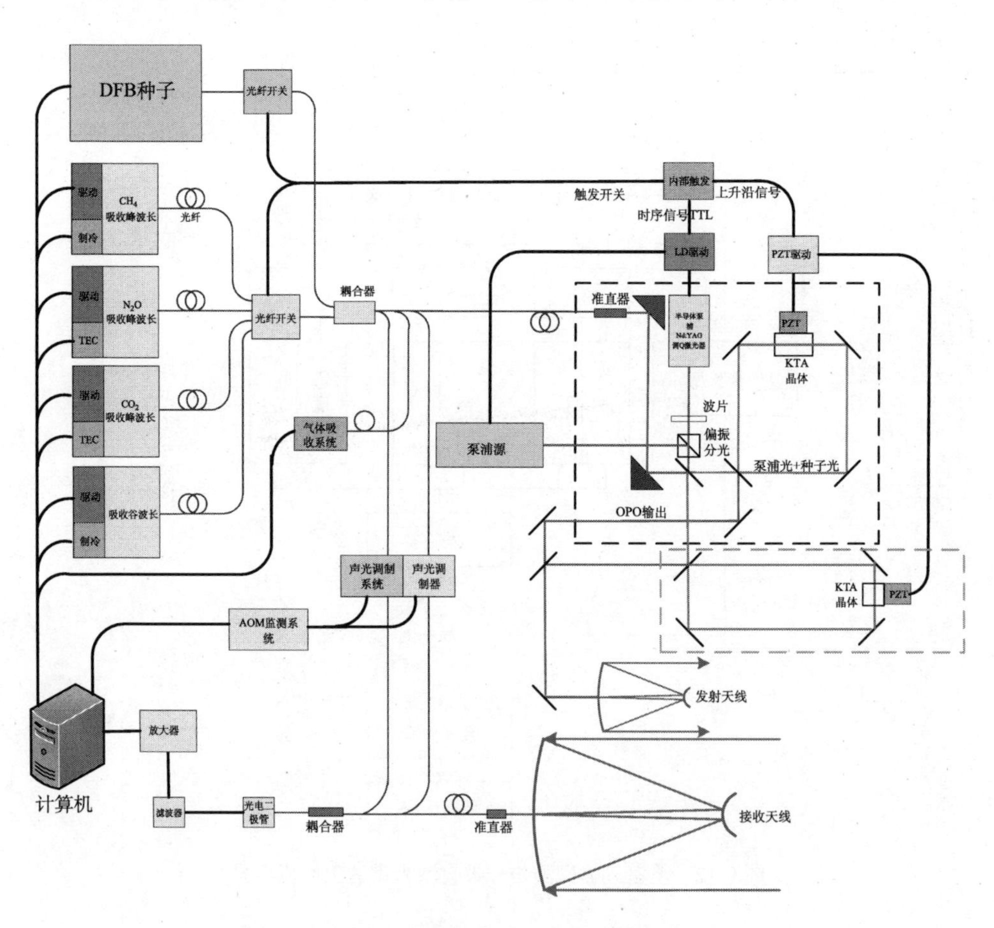

图 9-13　温室气体探测差分吸收激光雷达总体方案

换，实现对应不同探测气体波长的注入。从光纤开关出射的激光分成三路，一路作为种子光进入 OPO 腔，实现探测波长的注入放大。一路进入声光调制器（AOM），用 AOM 的一级衍射光作为相干探测的本振光，输入到探测器表面完成相干探测。第三路输入到气体吸收盒中，进行探测激光波长的检测和标定。AOM 自身由频移检测系统，利用 AOM 产生的零级和一级衍射光作差频来检测 AOM 产生频移的稳定度，保证相干探测的精度。OPO 激光器的谐振腔是环形设计，保证输出激光波长的稳定性。泵浦源为全固态的 LD 泵浦的调 Q 激光器，具有窄脉宽高峰值功率等特性，保证 OPO 非线性效率。OPO 输出激光经发射望远镜后，利用地球表面漫反射，再经由接收望远镜接收后实现主要温室气体的相干探测。整个控制过程由主控计算机实现各分模块和系统之间的协调运转。各主要部件都有可调整模块和备用器件，一旦某器件出现问题或损坏，也能保证整个温室气体探测系统的正常运行。

参 考 文 献

[1] Stocker T F, Qin D, Plattner G K, et al. The Physical Science Basis Contribution of Working Group I to the Fifth Assessment Report of the Intergovernmental Panel on Climate Change[R]. Climate Change, IPCC, 2013: 465-570.

[2] Meure C M, Etheridge C, Turdinger C, et al. Law Dome CO_2, CH_4 and N_2O ice core records extended to 2000 years BP[J]. Geophysical Research Letters, 2006, 33(L14180): 1-4.

[3] Leitner S , Hood-Nowotny R, Watzinger A. Successive and automated stable isotope analysis of CO_2, CH_4 and N_2O paving the way for UAV-based sampling[J]. Rapid Communications in Mass Spectronmetry, 2020, 34(24):e8929.

[4] Inventory of U. S. Greenhouse Gas Emissions and Sinks: 1990—2013[R]. U. S. Environmental Protection Agency. April 15, 2015.

[5] Cannadell J G, Corinne L Q, Raupach M R, et al. Contributions to accelerating atmospheric CO_2 growth from economic activity, carbon intensity and efficiency of natural sinks[J]. Proceedings of the National Academy of Sciences of the United States of America, 2007, 104(47): 18866-18870.

[6] Reuter M, Bovensmann H, Buchwitz M, et al. Retrieval of atmospheric CO_2 with enhanced accuracy and precision from SCIAMACHY: Validation with FTS measurements and comparison with model results[J]. Journal of Geophysical Research Atmospheres, 2011, 116(D4): 220-237.

[7] Japan Meteorological Agency[EB/OL]. http: //www.jma.go.jp/jma/indexe.html.[2021-03-08].

[8] Yonkofski C M R, Gastelum J A, Porter E A, et al. An optimization approach to design

monitoring schemes for CO_2 leakage detection[J]. International Journal of Greenhouse Gas Control, 2016, 47: 233-239.

[9] Liu Y, Wu J A, Chen M M, et al. The trace methane senor based on TDLAS-WMS[J]. Spectroscopy and Spectral Analysis, 2016, 36(1): 279-282.

[10] Cui X W, Yan Y, Ma Y F, et al. Localization of CO_2 leakage from transportation pipelines through low frequency acoustic emission detection[J]. Sensors and Actuators A: Physical, 2016, 237(1): 107-118.

[11] Klarennar B L M, Brehmer F, Welzel S, et al. Rotational Raman spectroscopy on CO_2 at elevated pressure in a dielectric-barrier discharge[C]. 22nd International Symposium on Plasma Chemistry, Antwerp, Belgium, 2015.

[12] Allard J P, Chamberland M, Farley V, et al. Airborne measurements in the long-wave infrared using an imaging hyperspectral sensor[C]. Proceedings Volume 6954, Chemical, Biological, Radiological, Nuclear, and Explosives (CBRNE) Sensing IX, 2008.

[13] Schildkraut E R, Connors R F, Ben-David A. An ultra-high sensitivity passive FTIR sensor HiSPEC and initial field results[C]. Proceedings Volume 4574, Instrumentation for Air Pollution and Global Atmospheric Monitoring, 2002.

[14] Harig R, Gerhard J, Braun R, et al. Remote detection of gases and liquids by imaging Fourier transform spectrometry using a focal plane array detector: First results[C]. Proceedings Volume 6378, Chemical and Biological Sensors for Industrial and Environmental Monitoring II, 2006.

[15] William J M, Christopher M G, Alan H, et al. Tunable Fabry-Perot etalon-based long-wavelength infrared imaging spectroradiometer[J]. Applied Optics, 1999, 38(2): 2594-2604.

[16] Radica F, Ventura G D, Bellatreccia F, et al. HT-FTIR micro-spectroscopy of cordierite: The CO_2 absorbance from in situ and quench experiments[J]. Physics and Chemistry of Minerals, 2016, 43(3): 69-81.

[17] Matvienko G G, Sukhanov A Y. Space-borne remote sensing of CO_2 by IPDA lidar with heterodyne detection: Random error estimation[C]. Proceedings of 21st International Symposium Atmospheric and Ocean Optics: Atmospheric Physics, Tomsk, 2015.

[18] Hadeethi Y A. Construction and demonstration of a coherent Doppler radar[J]. Journal of Nanoelectronics and Optoelectronics, 2015, 10(5): 665-670.

[19] Satter J P, Worchesky T L, Ritter J I, et al. Technique for wideband, rapid, and accurate diode-laser heterodyne spectroscopy: Measurements on 1, 1-difluoroethylene[J]. Optics Letters, 1980, 5(1): 21-23.

[20] Global Monitoring Laboratory. Can we see a change in the CO_2 record because of COVID-19? [EB/OL]. https: //www.esrl.noaa.gov/gmd/ccgg/covid2.html.[2021-03-08].

[21] 凌六一, 秦敏, 谢品华, 等. 基于 LED 光源的非相干宽带腔增强吸收光谱技术探测 HONO

和 NO_2[J]. 物理学报, 2012, 61(14): 140703.

[22] 崔小娟, 刘文清, 陈东, 等. 差频产生中红外激光光谱检测系统研究[J]. 大气与环境光学学报, 2008, 3(2): 151-155.

[23] Turunen J, Friberg A T. Matrix representation of Gaussian Schell-model beams in optical system[J]. Optics & Laser Technology, 1986, 18(5): 259-267.

[24] Goodman J W. Introduction to Fourier Optics[M]. London: John Willy & Sons, 1974.

[25] Martínez-Herrero R, Mejías P M, Sánchez M, et al. Third and fourth order parametric characterization of partially coherent beams propagation through ABCD optical systems[J]. Optical and Quantum Electronics, 1992, 24: S1021-S1026.

[26] Bastiaans M J. The Wigner distribution function applied to optical signals and systems[J]. Optics Communications, 1978, 25(1): 26-30.

[27] Lin Q, Cai Y J. Tensor ABCD law for partially coherent twisted anisotropic Gaussian-Schell model beams[J]. Optics Letters, 2002, 27(4): 216-218.

[28] Cai Y J, He S. Propagation of a partially coherent twisted anisotropic Gaussian Schell model beam in a turbulent atmosphere[J]. Applied Physics Letters, 2006, 89(4): 1117-1125.

[29] Yao M, Cai Y J, Eyyuboglu H T, et al. Evolution of the degree of polarization of an electromagnetic Gaussian Schell-model beam in a Gaussian cavity[J]. Optics Letters, 2008, 33(9): 2266-2268.

后　记

生态文明建设是人类社会可持续发展的必经途径，是建设人类命运共同体的根本，也是人民群众的生态环境需要，关系到人民群众切身的生态环境权益。习近平总书记指出“绿水青山就是金山银山”“生态环境保护是功在当代、利在千秋的事业”。中国生态系统研究网络(CERN)对森林、海洋、草原、沙漠、湿地、湖泊、农田、城市等生态系统进行观测、研究、示范，通过长期连续基础观测的数据，分析不同生态系统结构和功能的时空变异，也为保护生物多样性提供数据支持。对于通过光学方法获取、处理和监测大气、水文、土壤、生物等生态信息指标的需求愈发迫切，作为交叉学科的生态光子学应运而生，能够为生态文明建设提供极大帮助，具有重要意义。

从党的十八大提出“大力推进生态文明建设”的战略决策开始，利用光子学技术与手段开展生态研究引发了我国科技工作者极大的关注与热情。我国相关生态监测芯片、设备、系统等方面在国家的大力支持下取得了显著的发展及良好的应用成效，使生态光子学领域得以迅速进入学科前沿。本书由国内相关科研一线的研究小组组稿，将领域内全球前沿的研究成果融入其中，涉及生态光子学的各个方面，如大气污染物、能见度、风场及温室气体测量技术、光电探测材料、太阳能材料及器件等，总结了相关领域的研究现状，阐述了其中的核心理论与技术问题，为确定生态光子学的未来发展方向奠定了坚实的理论基础。

当前，欧美日等发达国家对生态光子学涉及的相关理论、技术及产品开发已给予了高度重视，并开展了深入研究，在领域内处于领先位置。相比之下，我国在建模仿真方面与国外差距不大，但在器件制备及商业仪器开发方面远远落后于国外，导致难以把科研成果转化为实际产品，成为进一步发展的瓶颈，亟须突破限制，把研究成果应用在祖国的大地上。目前该领域已集中了我国众多科研单位和优秀人才，在各方向已取得了一定的进展及成果。随着国家生态文明建设战略的进一步推进，可以预期我们在不远的将来，会在生态光子学领域取得更多原创性成果，极大地促进我国生态文明的建设及社会经济的发展，并为建设“人类命运共同体”的宏伟目标作出贡献。